Rudolf Steiner

WIE IST DIE WELT ENTSTANDEN?

Die Entwicklungsgeschichte
von Erde und Mensch

Der Wortlaut der im Archiati Verlag gedruckten Vorträge Rudolf Steiners geht auf die ursprünglichen Klartextnachschriften und Erstdrucke zurück, unter Berücksichtigung aller danach erfolgten Veröffentlichungen.

Erste Auflage 2007
(1. bis 5. Tausend)

Herausgeber und Redakteur machen in Bezug auf die hier gedruckten Texte Rudolf Steiners keine Rechte geltend.

Herausgeber: Archiati Verlag e. K., Bad Liebenzell

Redaktion: Pietro Archiati, Bad Liebenzell

Korrektorat: Eva Koglin, Ganderkesee

Zeichnungen: Monika Grimm, Bad Liebenzell
(In enger Anlehnung an Rudolf Steiners Wandtafelzeichnungen)

Umschlag: Archiati Verlag, Bad Liebenzell

Foto: Rietmann, © Verlag am Goetheanum

Druck: Memminger MedienCentrum, Memmingen

ISBN: 978-3-86772-102-8

Archiati Verlag e. K.
Am Berg 6/1 · D-75378 Bad Liebenzell
Telefon: (07052) 935284 · Telefax: (07052) 934809
anfrage@archiati-verlag.de · www.archiati-verlag.de

Inhaltsverzeichnis

Vorwort: Rudolf Steiners Vorträge vor Arbeitern *S. 9*

> Vier Vorträge gehalten in Dornach
> vom 30. Juni bis 9. Juli 1924

1. Vortrag

Embryologie
als Wiederholung von
Menschen- und Erdentwicklung
S. 15

- Der Leichnam entsteht, wenn der Geist im Tod auszieht. So ist die Welt als Leichnam geistiger Wesen durch Abkühlung entstanden *S. 15*
- Luft, Wasser und Erde entstehen durch Abkühlung der ursprünglichen Wärme *S. 25*
- In der Schwangerschaft wiederholen sich die vergangenen Entwicklungsstufen von Erde und Mensch *S. 37*

2. Vortrag

Als die Erde «Mond» war –

die Vorfahren von Fischen und Vögeln

S. 49

- Die Erde war früher lebendig: In der Mitte dicke Flüssigkeit, mit fischartigen Tieren darin, die halb schwammen und halb gingen S. 49
- Vogelähnliche Tiere lebten in der dicken Luft. Die Erde war ein einziger lebendiger Organismus, bis sich der Mond von ihr trennte S. 59
- Durch die Kieselsäure in den Vögeln war die Erde damals ganz Sinnesorgan, die Tiere im Wasser waren ihr Verdauungsorgan S. 66

3. Vortrag

Die Schichten der Erde –

geologisch und geistig betrachtet

S. 77

- Die Schichten der Erde können durcheinandergebracht worden sein. Man muss die Arten der Versteinerungen unterscheiden können S. 77
- Gebirge können nur in einer Erde entstanden sein, die viel «lebendiger» war als die heutige S. 93

4. Vortrag

Die Sinne trügen nicht –
die Wahrnehmungen richtig deuten
S. 107

- Viele Phänomene liefern den Nachweis, dass die Erde in früheren Zeiten viel lebendiger gewesen sein muss *S. 107*
- Auch die Entstehung des Menschen geht vom Geistigen zum Materiellen, vom Lebendigen zum Mineralischen *S. 114*
- Das Spätere muss nicht das Vollkommenere sein. Aus einem «Luftmenschen» ist ein «Wassermensch» geworden, aus diesem erst der «Erdenmensch» *S. 125*

Fachausdrücke der Geisteswissenschaft *S. 137*

Die Vorträge Rudolf Steiners *S. 139*

Über Rudolf Steiner *S. 143*

Vorwort

Rudolf Steiners Vorträge vor Arbeitern

Diese Vorträge, die Rudolf Steiner am Ende seines Lebens hält, stellen auch für ihn etwas Besonderes dar. Der Mensch, der jahrelang eine umfassende Geisteswissenschaft nach allen Seiten hin ausgebaut hat, spricht jetzt zu ganz einfachen Menschen, zu Arbeitern, bei denen er keine besondere Bildung, sondern schlichte Menschlichkeit voraussetzt.

In jedem von diesen Vorträgen merkt man, dass Steiner sich bei diesen Arbeitern ganz zu Hause fühlt: Zu wiederholten Malen hatte er zur Sprache gebracht, dass seine Geisteswissenschaft für alle Menschen ohne Unterschied da ist, dass der gesunde Menschenverstand, den alle Menschen gemeinsam haben, sie überzeugend finden kann. Man merkt überall seine Freude, bei diesen Arbeitern den Menschenverstand in unverdorbener Form voraussetzen zu dürfen.

Über die Jahre hatte er wiederholt den Gedanken geäußert, dass in der modernen Kultur zwei Strömungen vorhanden sind: eine in den Niedergang führende und eine aufsteigende, am Anfang sich befindende. Er meinte damit das Bürgertum auf der einen und die Arbeiterschaft auf der anderen Seite. Er hatte wenig Fähigkeit oder Bereitschaft in der etablierten Gesellschaft gefunden, zur Überwindung des Materialismus eine Wissenschaft des Geistigen in Angriff zu nehmen. Zugleich sah er die arbeitenden Menschen nach einer Geisteswissenschaft geradezu hungern, wenn auch nicht immer bewusst. Auch damals konnte der Arbeiter eine Kultur, die sich als Luxus abseits des Lebens abspielt, nur als etwas erleben, was nicht zu ihm gehört. Kurz vor seinem Tod bekam Rudolf Steiner zum ersten Mal über längere Zeit die Möglichkeit, gerade zu dieser «unteren Schicht» aus dem Reichtum seiner Geisteswissenschaft heraus zu sprechen.

Der Archiati Verlag sieht in der Herausgabe dieser Vorträge eine besondere Aufgabe. Von allem Anfang an ist es sein Bestreben gewesen, die Geisteswissenschaft Rudolf Steiners allen Menschen zugänglich zu machen, unabhängig von Bildung, sozialer Schicht oder kultureller Herkunft. Diese Geisteswissenschaft ist einerseits menschheitlich, universell, sie spricht alle Menschen gleich an; andererseits wendet sie sich an das Individuum, an das Denkvermögen und an den freien Willen jedes einzelnen Menschen. Die Arbeitervorträge Rudolf Steiners stellen in vielleicht reinster Form dasjenige dar, was der Archiati Verlag allen Menschen zur Verfügung stellen möchte, weil es alle Menschen als Menschen gleichstellt und jeden in seiner Würde als Mensch als höchsten Wert achtet.

Diese Vorträge wurden nach dem Frühstück, nach den ersten Arbeitsstunden gehalten, zu einer Zeit, wo die Arbeiter nicht zu müde waren und am aufnahmefähigsten. Sie gehörten zu ihren Arbeitsstunden. Nicht Rudolf Steiner wählte die Themen, die zur Sprache kamen, sondern die Arbeiter selbst. Er ließ sie jedes Mal die Fragen stellen, die ihnen am Herzen lagen. Es gab für ihn keine Themen, die er für sie für wichtig hielt: Ihm waren die Themen wichtig, die für die Arbeiter wichtig waren.

Der heutige Leser wird von selber merken, welche Kunst in der Sprache dieser Vorträge liegt: Sie ist schlicht, sprühend, erfindungsreich, humorvoll – und vor allem menschlich. Es werden manchmal die tiefsten, kompliziertesten Dinge in aller Einfachheit dargestellt. Und man staunt immer wieder, was dieser Mensch Rudolf Steiner über die unterschiedlichsten Bereiche des Lebens auszupacken hat. Jeder vernünftige Leser müsste sich fragen: Woher hat er das alles? Doch ganz unmöglich von der sinnlichen Wahrnehmung alleine!

Und wenn auch nur einiges wissenschaftlich nicht stichhaltig oder schlicht falsch wäre, hätten das nicht seine vielen Feinde über die Jahrzehnte an die große Glocke gehängt? Sie haben bis jetzt im Wesentlichen nur eine Rettung vor Rudolf Steiner gefunden: ihn zu ignorieren, ihn totzuschweigen. Wie sehr wünscht der Archiati Verlag, dass Millionen von «Arbeitern» dieses Schweigen brechen, dieses Ignorieren rückgängig machen. Sie allein können das vielleicht tun!

Viktor Stracke, der zu den damaligen Arbeitern gehörte, berichtet über die Erfahrungen der Arbeiter mit Rudolf Steiner. Er schreibt: «*Und so dankbar wir Herrn Doktor waren für die Liebe, die er uns zeigte, für die Weisheit, die er vor unseren Blicken öffnete, so froh war Dr. Steiner selbst, daß wir Fragen hatten und daß er zu uns sprechen durfte. Und oft habe ich es erlebt, daß er ein Thema, das vormittags bei uns angeschlagen worden war, dann abends in den Mitgliedervorträgen, auch behandelte, weil die Frage ‹in der Luft lag›. Aber wie er zu uns sprach, das hatte noch einen ganz besonderen Duktus: Klar, deutlich, einfach, mit fast derbdrastischen Beispielen, aber doch immer die tiefsten Inhalte voll aussprechend, nicht ‹populär›-belehrend. Beschreiben kann man's eigentlich nicht. Bescheiden wie ein Kamerad sprach er, so könnte man es vielleicht nennen. Und doch hatten wir so ungeheuren Respekt, die meisten von uns hatten Herzklopfen; oft wurde tagelang besprochen, wer eine Frage stellen solle und welche.*» (in: *Erinnerungen an Rudolf Steiner*, hrsg. von E. Beltle und K. Vierl, Verlag Freies Geistesleben, 1979, S. 201)

Menschen, die die Geisteswissenschaft Rudolf Steiners sehr schätzen, haben sich dem Archiati Verlag gegenüber entsetzt über die Sprache geäußert, in der Steiner mit den Arbeitern spricht. Sie meinten, plötzlich einen ganz anderen Steiner zu erleben. Sie fanden die Sprache dieser Arbeitervorträge «nachlässig», einer von ihnen nannte sie «schlampig». Ist das nicht der Beweis, dass heute nicht weniger als damals die «obere Schicht» der Gesellschaft die «untere» kaum kennt, vielleicht nicht einmal weiß, dass sie unter Umständen eine ganz andere Lebendigkeit in die Sprache hineinbringen kann? Warum soll die Sprache sich nur nach dem herrschenden Bürgertum richten und nicht auch nach den Millionen von Arbeitern, die ebenfalls das Recht haben, auf ihre Art und Weise mit der Sprache umzugehen?

Man kann verstehen, dass für viele der damaligen Anthroposophen die Arbeitervorträge Rudolf Steiners keine große Bedeutung hatten. Man kann verstehen, dass über die Jahrzehnte nach dem Tod Steiners selbst führende Anthroposophen große Bedenken in Bezug auf Sprache und Inhalt dieser Vorträge geäußert haben. Wie aber Steiner selbst ganz anders darüber dachte, berichtet wiederum Viktor Stracke (S. 201-2): *«Als es sich bei einer Tagung darum handelte, in das voll ausgefüllte Arbeitspensum Dr. Steiners noch eine Besprechung einzuschieben, soll jemand eine Zeit vorgeschlagen haben, in der ein Arbeitervortrag vorgesehen war und dabei die Worte gebraucht haben: ‹... das ist ja nur ein Arbeitervortrag!› – Worauf Herr Doktor empört gesagt haben soll:* ‹Nur? Nur? ... *Die Arbeitervorträge sind* sehr wichtig!›*»*

Monika Grimm
Michael Schmidt
Pietro Archiati

Erster Vortrag

Embryologie
als Wiederholung von Menschen- und Erdentwicklung

Dornach, 30. Juni 1924

Guten Morgen, meine Herren!

Nun, hat sich jemand eine Frage ausgedacht?

Ein Arbeiter: Ich möchte fragen, ob Herr Doktor nicht wieder von der Schöpfung der Welt und des Menschen sprechen könnte, da verschiedene Neue da sind, die das noch nicht gehört haben.

Rudolf Steiner: Also gefragt ist, ob ich wiederum anfangen könnte, von Welt- und Menschenschöpfung zu sprechen, weil sehr viele neue Kameraden da sind.

Nun werde ich die Sache so gestalten, dass ich versuche, Ihnen zunächst klarzumachen, wie ursprünglich die Zustände auf der Erde waren, welche auf der einen Seite zu all dem geführt haben, was wir draußen sehen, und auf der anderen Seite zum Menschen.

Sehen Sie, der Mensch ist ja eigentlich ein sehr, sehr kompliziertes Wesen. Und wenn man glaubt, den Menschen dadurch verstehen zu können, dass man ihn nach dem Tod als Leichnam nur seziert, so kommt man natürlich nicht dazu, den Menschen wirklich zu verstehen.

Ebenso wenig kann man die Dinge der Welt, die um uns herum sind, verstehen, wenn man nur das beachtet, dass man Steine oder Pflanzen sammelt und die einzelnen Sachen anschaut. Man muss überall eben darauf Rücksicht nehmen, dass dasjenige, was man untersucht, nicht schon beim allerersten Anblick zeigt, was es eigentlich ist.

Sehen Sie, wenn wir einen Leichnam anschauen – wir können ja den Menschen kurz nachdem er gestorben ist anschauen –, da hat er noch dieselbe Form, dieselbe Gestalt. Er ist vielleicht nur blasser geworden, wir merken ihm an, der Tod hat ihn ergriffen, aber er hat noch dieselbe Gestalt, die er hatte, als er lebendig war.

Nun denken Sie sich aber: Wie schaut dieser Leichnam, auch wenn wir ihn nicht verbrennen, wenn wir ihn also verwesen lassen, nach einiger Zeit aus? Er wird zerstört, es arbeitet nichts mehr in ihm, was ihn wiederaufbauen könnte. Er wird zerstört.

Der Anfang der Bibel wird sehr häufig von den Leuten belächelt, und zwar mit Recht, wenn er so ausgelegt wird, dass einstmals irgendein Gott aus einem Erdkloß einen Menschen geformt hätte. Man sieht das als eine unmögliche Sache an – mit Recht natürlich.

Es kann nicht irgendein Gott kommen und aus einem Erdkloß einen Menschen machen. Er wird ebenso wenig ein

Mensch, wie eine Bildhauerstatue ein wirklicher Mensch wird, wenn man sie auch noch so sehr der Gestalt nach ähnlich macht, ebenso wenig wie wenn Kinder ein schönes Männchen aufbauen, dieses zu laufen anfängt.

Also man lächelt mit Recht darüber, wenn Leute sich vorstellen, dass irgendein Gotteswesen aus einem Erdkloß einen Menschen gemacht haben soll.

Nun das, was wir als Leichnam vor uns haben, das ist ja nach einiger Zeit wirklich solch ein Erdkloß, wenn es auch im Grab so ein bisschen verschwemmt, auseinandergegangen ist und so weiter. Zu glauben, aus dem, was wir so vor uns haben, einen Menschen machen zu können, ist ja ein ebenso großer Unsinn.

Sehen Sie, auf der einen Seite gestattet man sich heute mit Recht zu sagen, dass die Vorstellung unrichtig ist, dass der Mensch aus einem Erdkloß geschaffen sein soll, auf der anderen Seite gestattet man sich aber dann das andere: zu denken, dass der Mensch aus demjenigen bestehen soll, was «Erde» ist. Sie sehen schon: Wenn man konsequent vorgehen will, geht das eine ebenso wenig wie das andere.

Man muss sich eben klar sein: Während der Mensch gelebt hat, war etwas in ihm, was machte, dass er diese Form, diese Gestalt kriegte. Und wenn es aus ihm heraus ist, kann er nicht mehr diese Gestalt haben. Die Naturkräfte geben ihm diese Gestalt nicht, die Naturkräfte treiben diese Gestalt nur auseinander, lassen sie nicht wachsen.

Also ist es beim Menschen so, dass wir zu dem Geistig-Seelischen zurückgehen müssen, das ihn eigentlich beherrscht hat, solange er gelebt hat.

Nun, wenn wir draußen den toten Stein anschauen, aus dem toten Stein die Pflanzen und so weiter herauswachsen sehen: Ja, meine Herren, wenn man sich vorstellt, dass das immer so gewesen ist, wie es heute draußen ist, so ist das geradeso, als wenn Sie etwa von einem Leichnam sagen: Der war immer so, auch solange der Mensch gelebt hat.

Dasjenige, was wir heute draußen in der Welt als Steine erblicken, was also Felsen sind, Berge sind, das ist geradeso wie ein Leichnam, das ist auch ein Leichnam. Das war nicht immer so.

Und geradeso wie der Leichnam von einem Menschen nicht immer so war, wie er nun daliegt, nachdem das Geistig-Seelische draußen ist, so war auch dasjenige, was wir draußen erblicken, nicht immer so. Dass da Pflanzen wachsen auf dem toten Leichnam, nämlich dem Gestein, das braucht uns nicht weiter zu verwundern, denn wenn der Mensch verwest, wachsen auch allerlei kleine Pflänzchen und allerlei Tierzeug aus seinem verwesenden Leichnam heraus.

Nicht wahr, dass uns das eine, das wir da draußen in der Natur haben, schön erscheint, und wir das andere, was wir am Leichnam sehen, wenn da allerlei Schmarotzerpflanzen herauswachsen, nicht schön finden, das kommt ja nur daher, weil das eine riesig groß und das andere klein ist.

Wenn wir statt Menschen ein kleines Käferchen wären, das auf einem verwesenden Leichnam herumgehen würde und ebenso wie die Menschen denken könnte, so würden wir den Knochen des Leichnams als einen Felsen finden. Wir würden in dem, was da drinnen verwest, Schutt und Gestein finden, würden, weil wir ein kleines Käferchen wären, in dem, was da herauswächst, große Wälder sehen. Wir würden da eine ganze Welt haben, würden sie bewundern, nicht so wie jetzt schrecklich finden.

So wie wir beim Leichnam auf dasjenige zurückgehen müssen, was der Mensch war, bevor er gestorben ist, so müssen wir bei all dem, was Erde und unsere Umgebung ist, auf dasjenige zurückgehen, was in allem heute Toten einmal gelebt hat, bevor eben die Erde im Großen gestorben ist.

Und ehe die Erde im Großen nicht gestorben ist, konnte es keine Menschen geben. Die Menschen sind natürlich gewissermaßen Schmarotzer auf der Erde. Die ganze Erde hat einmal gelebt, hat gedacht – alles Mögliche war sie. Und erst als sie Leichnam wurde, konnte sie das Menschengeschlecht schaffen.

Es ist dies etwas, was jeder eigentlich einsehen kann, der nur wirklich denkt. Nur will man heute nicht denken. Aber man muss eben denken, wenn man auf die Wahrheit kommen will.

Sodass wir uns also vorzustellen haben: Dasjenige, was

heute als festes Gestein ist, wo Pflanzen herauswachsen und so weiter, das war ursprünglich durchaus nicht so, wie es heute ist, sondern wir haben es ursprünglich mit einem lebendigen, denkenden Weltkörper zu tun – mit einem lebendigen, denkenden Weltkörper!

Ich habe schon oft auch hier zu Ihnen gesagt: Was stellt man sich heute vor? Man stellt sich vor, dass ursprünglich ein riesiger Urnebel da war, dass dieser Urnebel in Drehung gekommen ist, dass sich dann die Planeten abgespalten haben, dass in der Mitte die Sonne geworden ist. Dies wird den Kindern schon ganz von früh auf beigebracht.

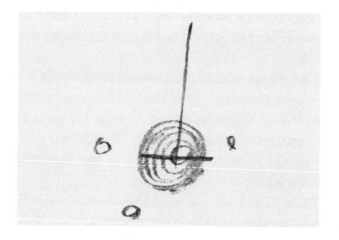

Und man macht ihnen auch einen kleinen Versuch vor, aus dem das hervorgehen soll, dass wirklich auf diese Weise alles entstanden ist. Da wird ein kleines Öltröpfchen auf ein Glas Wasser genommen, ein Kartenblatt mit einer Nadel hineingesteckt. Und weil das Öl auf dem Wasser schwimmt, lässt man das so darauf schwimmen (s. Zeichnung). Mit der Nadel dreht man dann das Kartenblatt, und da spalten sich kleine Öltröpfchen ab, drehen sich weiter, und es entsteht wirklich ein kleines «Planetensystem», mit der Sonne in der Mitte drinnen.

Nun, es ist ja sonst ganz gut, wenn man sich selbst auch vergessen kann. Aber der Schullehrer sollte in diesem Fall nicht sich selbst vergessen, sondern wenn er das macht, sollte er den Kindern auch sagen: Es ist da draußen ein riesiger Schulmeister im Weltraum, der das gedreht hat. Das ist eben die Geschichte: Man wird gedankenlos – nicht deshalb, weil die Tatsachen einem befehlen, gedankenlos zu sein, sondern weil man es selbst will. Aber dadurch kommt man nicht zur Wahrheit.

Wir müssen uns also vorstellen, dass da nicht ein riesiger Weltschullehrer war, der den Weltnebel gedreht hat, sondern dass in diesem Weltnebel selbst etwas drinnen war, was sich bewegen konnte und so weiter. Da sind wir aber wiederum beim Lebendigen.

Wenn wir uns selbst drehen wollen, da brauchen wir nicht eine Nadel durch uns gesteckt, auf der der Schulmeister uns zu drehen beliebte, das passte uns ganz und gar nicht! Wir können uns selbst drehen. Ein toter Urnebel könnte vom Schulmeister gedreht werden, ist er aber lebendig, kann er empfinden und denken, dann braucht er nicht vom Schullehrer gedreht zu werden, dann kann er die Drehung selbst bewirken.

Nun müssen wir uns also vorstellen: Dasjenige, was heute um uns herum tot ist, das war einstmals lebendig, war empfindsam, war ein Ichwesen. Wenn wir dann weiter untersuchen, so war es sogar eine große Anzahl von Ichwesen, und diese geistigen Wesen, die belebten das Ganze. Die ursprünglichen Zustände der Welt rühren also daher, dass im Stoff ein Geistiges drinnen gewesen ist.

Sehen Sie, was liegt denn all dem zugrunde, was irgendwie stofflich ist?

Denken Sie, ich habe einen Bleiklumpen in der Hand, ein Stück Blei. Das ist fester Stoff, richtiger fester Stoff. Ja, aber wenn ich dieses Blei auf ein glühendes Eisen oder auf irgendetwas Glühendes, auf Feuer lege, so wird es flüssig. Und wenn ich es noch weiter mit Feuer bearbeite, so verschwindet mir das ganze Blei, dann verdunstet es, ich sehe nichts mehr davon. So ist es auch bei allen Stoffen.

Wovon hängt es denn ab, dass ich einen festen Stoff habe? Es hängt davon ab, welche Wärme in ihm ist. Wie ein Stoff ausschaut, hängt nur davon ab, welche Wärme in ihm ist.

Sie wissen, heute kann man schon die Luft flüssig machen, dann hat man flüssige Luft. Luft, wie wir sie in unserer Umgebung haben, ist ja nur luftförmig, gasförmig, solange eine bestimmte Wärme da ist. Und Wasser ist flüssig, kann aber auch Eis sein, also fest sein. Wenn man eine ganz bestimmte Kältetemperatur auf unserer Erde hätte, so gäbe es kein Wasser, sondern nur Eis.

Nun gehen wir aber in unsere Berge hinein: Wir finden da zum Beispiel das feste Granitgestein, anderes festes Gestein. Ja, wenn es übermäßig warm wäre, dann wäre das feste Gestein, der Granit, nicht da, sondern der wäre flüssig, er flösse dahin, wie in unseren Bächen das Wasser.

Also was ist eigentlich das Ursprüngliche, was macht, dass irgendetwas fest oder flüssig oder luftförmig ist? Das macht die Wärme! Ohne dass zunächst die Wärme da ist, kann überhaupt nichts fest oder flüssig sein. Wärme muss irgendwie tätig sein. Daher können wir sagen:

> Dasjenige, was ursprünglich allem zugrunde liegt, ist die Wärme oder das Feuer.

Und das zeigt auch die Geisteswissenschaft, die anthroposophische Forschung. Diese geisteswissenschaftliche Forschung, die zeigt, dass nicht ein Urnebel ursprünglich da war, ein toter Urnebel, sondern dass ursprünglich lebendige Wärme da war, einfach Wärme, die gelebt hat.

Also, ich will einen ursprünglichen Weltkörper annehmen: Wärme, die gelebt hat (s. Zeichnung, nächste Seite). Ich habe in meiner *Geheimwissenschaft* diesen ursprünglichen Wärmezustand – nicht wahr, auf den Namen kommt es nicht an, man muss einen Namen haben – so genannt, wie er in alten Zeiten genannt worden ist: «Saturnzustand». Es hat schon etwas zu tun mit dem Weltkörper Saturn, aber das wollen wir jetzt nicht berühren.

In diesem ursprünglichen Zustand, da gab es noch keine festen Körper, keine Luft gab es da drinnen, sondern nur Wärme, aber Wärme, die lebte.

Wenn Sie heute frieren – ja, Ihr Ich friert –, wenn Sie heute schwitzen, es ist Ihnen warm, Ihr Ich schwitzt, dem wird es recht warm. Und so sind Sie in der Wärme drinnen, bald im Warmen, bald im Kalten, aber in irgendeiner Wärme sind Sie immer drinnen. Sodass wir auch heute noch am

Menschen sehen: Er lebt in der Wärme. Der Mensch lebt durchaus in der Wärme.

Wenn also die heutige Wissenschaft sagt: Ursprünglich war eine hohe Wärme da – nun, dann hat sie in einem gewissen Sinne recht. Wenn sie aber meint, dass diese hohe Wärme tot war, so hat sie unrecht, denn es war ein lebendiges Weltwesen da, ein richtiges lebendiges Weltwesen.

Nun, das Erste, was eingetreten ist mit dem, was da als ein warmes Weltwesen war, das war eine Abkühlung. Abkühlen tun sich ja die Dinge fortwährend. Und was entsteht, wenn sich irgendetwas, in dem man noch nichts unterscheiden kann als nur Wärme, abkühlt? Da entsteht *Luft*. Die Luft, Gasiges, ist das Erste, was daraus entsteht.

Denn wenn wir einen festen Körper immer weiter erhitzen, bildet sich in der Wärme Gas. Wenn sich etwas, was noch nicht Stoff ist, von oben herunter abkühlt, so bildet sich zunächst Luft. Sodass wir also sagen können: Das Zweite, was sich da bildet, ist Luftiges, richtiges Luftiges (s. Zeichnung, nächste Seite).

Und da drinnen in dem, was sich gewissermaßen als zweiter Weltkörper gebildet hat, da ist alles aus Luft. Da ist noch kein Wasser und da ist noch kein fester Körper drinnen. Da ist alles aus Luft.

Jetzt haben wir schon den zweiten Zustand, der sich im Laufe der Zeit gebildet hat. Und nun, sehen Sie, in diesem zweiten Zustand, da entsteht – aber neben dem, was ursprünglich da war – schon etwas anderes.

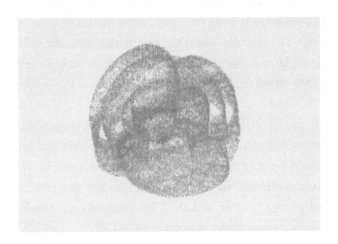

Die heutige Sonne, sie ist nicht so, aber ich habe es doch in meiner *Geheimwissenschaft* die Sonne genannt, eine Art «Sonnenzustand», weil es ein warmer Luftnebel war. Ich habe Ihnen schon gesagt: Die heutige Sonne ist das nicht, aber die ist auch nicht das, was ursprünglich dieser zweite Weltkörper war. So bekommen wir einen zweiten Weltkörper, der sich aus dem ersten heraus bildet. Der erste ist bloß warm, der zweite ist schon luftförmig.

Nun aber, in der Wärme kann der Mensch als Seele leben. Sehen Sie, Wärme macht auf die Seele den Eindruck der Wärmeempfindung, aber sie zerstört nicht die Seele. Sie zerstört aber das Körperliche. Wenn ich ins Feuer geworfen werde, so wird mein Körper zerstört. Darüber werden wir noch genauer reden, denn die Frage erfordert natürlich Ausführliches.

Nun, deshalb konnte der Mensch als Seele auch schon leben, als nur dieser erste Zustand, der Saturnzustand, da war. Das Tier konnte da noch nicht leben, aber der Mensch konnte da schon leben. Das Tier konnte da noch nicht leben, weil beim Tier, wenn das Körperliche zerstört wird, das Seelische mit beeinträchtigt wird, beim Tier hat das Feuer auf das Seelische einen Einfluss.

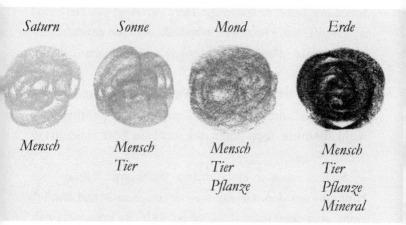

Sodass wir bei diesem ersten Zustand annehmen: Der Mensch ist schon da, das Tier noch nicht. Als diese Umwandlung stattgefunden hat, waren Mensch und Tier da (s. Zeichnung, Sonne).

Das ist eben das Merkwürdige, dass nicht die Tiere ursprünglich da waren und der Mensch aus ihnen entstanden ist, sondern dass der Mensch ursprünglich da war und nachher das Tier, das eine Wirkung aus demjenigen war, was nicht Mensch werden konnte. Der Mensch war nämlich nicht so als ein Zweifüßler herumgehend da, als nur Wärme da war, selbstverständlich nicht. Er lebte in der Wärme, war ein schwebendes Wesen, lebte nur im Wärmezustand.

Dann, als sich das umwandelte und ein luftförmiger Wärmekörper entstand, da bildeten sich neben dem Menschen die Tiere, da traten die Tiere auf. Also die Tiere sind schon mit dem Menschen verwandt, aber sie entstehen eigentlich erst später als der Mensch, entstehen erst im Lauf der Weltentstehung.

Was tritt jetzt weiter ein? Weiter tritt das ein, dass die Wärme noch mehr abnimmt. Und wenn die Wärme noch mehr abnimmt, dann bildet sich nicht nur Luft, sondern zugleich *Wasser*.

Sodass wir also einen dritten Weltkörper haben – ich habe ihn aus dem Grund, weil er unserem Mond ähnlich sieht, aber doch nicht dasselbe ist, «Mond» genannt. Er ist nicht das Gleiche wie der heutige Mond, aber etwas Ähnliches. Da haben wir also einen wässrigen Körper, einen richtig wässrigen Körper (s. Zeichnung, Mond).

Natürlich bleibt Luft und Wärme dabei, aber was da beim zweiten noch nicht vorhanden war, das tritt jetzt auf: Wasser. Und jetzt, weil Wasser auftritt, kann da sein:

- der *Mensch,* der schon früher da war,
- das *Tier,*
- und aus dem Wasser heraus schießen die *Pflanzen* auf,

die ursprünglich nicht in der Erde wuchsen, sondern erst im Wasser wuchsen. Also da schießen heraus Mensch, Tier und Pflanze.

Sehen Sie, die Pflanzen wachsen scheinbar aus der Erde heraus. Wenn aber die Erde gar kein Wasser enthält, dann wachsen keine Pflanzen heraus. Die Pflanze braucht zu ihrem Wachstum eben das Wasser. Es gibt ja auch Wasserpflanzen. Sie müssen sich aber die ursprünglichen Pflanzen nicht so wie unsere heutigen Wasserpflanzen vorstellen, die schwammen nur im Wasser drinnen – wie Sie sich auch die Tiere mehr als schwimmende Tiere vorstellen müssen und gar hier, im zweiten Zustand, mehr als fliegende Tiere.

Von allem, was ursprünglich da war, ist nun eben etwas zurückgeblieben.

Weil ursprünglich, als der Sonnenzustand da war, als nur Mensch und Tier da waren, alles nur fliegen konnte – denn es war ja nichts zum Schwimmen da, es konnte nur alles fliegen –, und weil die Luft zurückgeblieben ist, auch jetzt noch da ist, haben diese fliegenden Wesen Nachkommen gefunden. Unser heutiges Vogelgeschlecht, das sind die Nachkommen der ursprünglichen Tiere, die da im Sonnenzustand entstanden sind. Nur waren sie damals nicht so wie heute.

Damals waren sie nur aus Luft bestehend, luftartige Wolken waren diese Tiere. Hier im Mondzustand haben sie sich dann das Wasser eingegliedert. Und heute, meine Herren – ja, schauen wir uns nur einmal einen Vogel an!

Der Vogel wird heute zum größten Teil recht gedankenlos angeschaut. Wenn wir die Tiere, die da während des Sonnenzustands vorhanden waren, uns vorstellen wollen, müssen wir sagen: Die waren nur aus Luft, die waren schwebende Luftwolken. Wenn man sich heute einen Vogel anschaut: Dieser Vogel hat hohle Knochen, und in den hohlen Knochen ist überall Luft drinnen.

Sehen Sie sich einmal, es ist sehr interessant, den heutigen Vogel auf das hin an (s. Zeichnung). Bei diesem Vogel ist überall, in den Knochen überall Luft. Denken Sie sich alles weg, was nicht Luft ist, so kriegen Sie den Vogel nur als ein Luftiges. Und hätte er nicht diese Luft, so könnte er überhaupt nicht fliegen. Der Vogel hat hohle Knochen, und da drinnen ist er ein Luftvogel.

Und das erinnert an den Zustand, wie es früher war. Das andere hat sich erst ringsherum gebildet in der späteren Zeit. Die Vögel sind wirklich die Nachkommen dieses Zustands.

Wenn Sie den heutigen Menschen anschauen – er kann in der Luft leben, fliegen kann er nicht, dazu ist er zu schwer. Er hat nicht wie der Vogel hohle Knochen gebildet, sonst könnte er auch fliegen. Und dann würden sich nicht bloß Schulterblätter bei ihm finden, sondern die Schulterblätter würden in Flügel auslaufen. Der Mensch hat nur noch die Ansätze von Flügeln, gerade oben in den Schulterblättern. Wenn die auswachsen würden, würde der Mensch fliegen können.

Also der Mensch lebt in der umgebenden Luft. Diese Luft muss aber Wasserverdunstung enthalten. In der bloß trockenen Luft kann der Mensch nicht leben. Also Flüssigkeit muss da sein, Luft und Wärme.

Aber es gibt ja einen Zustand, in dem der Mensch nicht in der Luft leben kann, das ist der Zustand während der allerersten Kindheit, während der Embryonalzeit. Man muss sich also diese Dinge nur richtig anschauen. Während der Embryonalzeit bekommt dasjenige, was Menschenkeim ist – man nennt es Menschenembryo –, die Luft und alles, was es braucht, aus dem Leib der Mutter. Da muss es in einem Lebendigen drinnen sein.

Sehen Sie, die Sache ist so: Wenn der Mensch noch als Keimwesen im Leib der Mutter ist und herausoperiert wird, da kann er noch nicht in der Luft leben. Während des Keimzustands ist also der Mensch darauf angewiesen, in einer lebendigen Umgebung zu leben.

Dieser Zustand, wo es Mensch, Tier und Pflanze gab, wo es noch nicht so war wie in der heutigen Welt, weil es ja noch keine Steine gab, keine Mineralien, da war noch immer alles lebendig. Und da lebte der Mensch in diesem Lebendigen drinnen, gerade wie er heute im Mutterleib lebt. Nur wuchs er natürlich größer aus.

Denken Sie sich, wenn wir nicht geboren werden müssten und nicht in der Luft leben müssten, nicht selbst atmen müssten, so würde ja unsere Lebenszeit mit der Geburt zu Ende sein. Wir könnten alle als Embryo nur zehn Mondmonate leben. Es gäbe ja solche Wesen, die zehn Mondmonate leben: Die würden nicht an die äußere Luft herankommen, sondern aus dem Inneren, aus dem Lebendigen das bekommen.

So war es mit dem Menschen vor langer Zeit. Er wurde zwar älter, aber er kam nie aus dem Lebendigen heraus. Diesen Zustand, den gibt es noch immer. Der Mensch schritt nicht vor bis zur Geburt, sondern er lebte als Keim. Und da waren noch keine Mineralien, keine Felsen da.

Wenn Sie heute den Menschen sezieren, so haben Sie seine Knochen. Da drinnen finden Sie ebenso den kohlensauren Kalk, wie Sie ihn hier im Jura finden, den kohlensauren Kalk. Da ist zwar das Mineral drinnen, das war früher noch nicht drinnen. Aber im Embryo, namentlich in den ersten Monaten, ist auch noch kein Mineral eingelagert, sondern da ist alles noch geformte Flüssigkeit, nur ein bisschen verdickt.

Und während dieses Zustands war es so, dass der Mensch noch nicht knochig war, sondern höchstens nur knorpelig war. Und so haben wir hier einen Menschen, an den uns nur noch dasjenige erinnert, was heute Menschenkeim ist. Warum kann der Menschenkeim nicht gleich außer dem Leib der Mutter entstehen? Weil heute die Welt eine andere geworden ist.

Während der alte Mond bestanden hat – ich will es jetzt den alten Mond nennen, es ist nicht der heutige Mond, sondern das, was die Erde früher war –, während der alte Mond bestanden hat, war die ganze Erde ein Mutterleib, innerlich lebendig, ein richtiger Mutterleib. Steine und Mineralien gab es noch nicht, alles war ein riesiger Mutterleib.

Sodass wir sagen können: Unsere Erde ist aus diesem

riesigen Mutterleib hervorgegangen.

Noch früher, da war auch dieser riesige Mutterleib überhaupt noch nicht da. Was war denn da vorhanden? Ja, noch früher war eben, ich möchte sagen, das Frühere. Jetzt überlegen wir uns einmal, was das Frühere war. Sehen Sie, der Mensch, wenn er im Mutterleib entstehen soll, wenn er ein Menschenkeim werden soll, muss ja zunächst empfangen werden. Da findet die Konzeption, die Empfängnis statt. Aber geht denn der Konzeption nicht etwas voraus?

Der Konzeption geht dasjenige voraus, was bei der Frau die monatliche Periode ist, die geht voraus. Da findet im weiblichen Organismus ein ganz besonderer Vorgang statt, der mit Ausstoßung von Blut verknüpft ist. Aber das ist ja noch nicht das Einzige. Das ist ja nur das Physische davon, wenn das Blut ausgestoßen wird.

Jedes Mal, wenn das Blut ausgestoßen wird, wird etwas Geistig-Seelisches mitgeboren, das es nur nicht, weil keine Empfängnis stattfindet, bis zum physischen Körper bringt, sondern das geistig-seelisch bleibt, ohne dass es zum physischen Menschenkörper wird. Dasjenige, was vor der Empfängnis schon da sein muss, das war während des Sonnenzustands da.

Da war die ganze Sonne, diese ganzen Vorgänge der Erde, noch ein Weltwesen, das von Zeit zu Zeit ein Geistiges ausstieß. Und so lebten Mensch und Tier im luftförmigen Zustand, ausgestoßen von diesem ganzen Körper.

Sodass also zwischen diesem Zustand (Sonne) und diesem Zustand (Mond) das eintrat, dass überhaupt der Mensch ein physisches Wesen im Wasser wurde. Vorher war er ein physisches Wesen nur in der Luft.

Auch während dieses Zustands (Mond) war es schon so, dass etwas Ähnliches wie die Empfängnis da war. Aber noch nicht etwas Ähnliches wie die Geburt. Und wie war diese Empfängnis, während dieser alte Mondzustand da war?

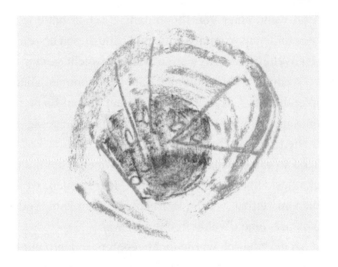

Ja, meine Herren, der Mond war da ein ganz weibliches Wesen. Diesem ganz weiblichen Wesen, dem stand zunächst nicht ein männliches Wesen gegenüber, aber es stand ihm gegenüber alles, was zu der Zeit außerhalb seines Weltkörpers noch da war. Dieser Weltkörper war ja da, aber außer ihm waren viele andere Weltkörper da, die hatten einen Einfluss. Und jetzt kommt die Zeichnung, die ich da schon einmal gemacht habe.

Also es war dieser Weltkörper da, ringsherum die anderen Weltkörper (s. Zeichnung, vorige Seite), und diese hatten Einfluss in der verschiedensten Weise. Von außerhalb kamen die Keime herein und befruchteten die ganze Monderde.

Und wenn einer von Ihnen damals schon hätte leben können und hingekommen wäre und hätte diesen ursprünglichen Weltkörper betreten, so würde er nicht gesagt haben – wenn er wahrgenommen hätte: Da kommen allerlei Tropfen herein –, er würde nicht gesagt haben: Es regnet. Heute sagen Sie: Es regnet. Damals würden Sie gesagt haben: Die Erde wird befruchtet.

Und so gab es Jahreszeiten, wo von überall her die Befruchtungskeime kamen, und andere Jahreszeiten, wo die Sachen ausreiften, wo die Befruchtung nicht kam. Sodass also damals eine «Weltbefruchtung» war.

Also der Mensch wurde nicht geboren, sondern nur befruchtet. Er wurde nur durch Empfängnis hervorgerufen, und die Menschen kamen eben aus dem Ganzen des Erdkörpers heraus, wie er damals als Mondkörper war. Und ebenso wirkte die Befruchtung für Tier und Pflanze aus der ganzen Weltumgebung herein.

Nun, sehen Sie, aus all dem, was da jetzt als Mensch, Tier und Pflanze lebt, aus all dem entsteht durch weitere Abkühlung eine spätere Verhärtung. Da (Mond) haben wir es noch mit Wasser zu tun, nur höchstens durch weitere Abkühlung eine spätere Verhärtung. Da (Erde) kommt das Feste heraus, das Mineralische.

Sodass wir einen vierten Zustand haben (s. Zeichnung, S. 27): Das ist unsere Erde, so wie wir sie heute haben, und sie enthält Mensch, Tier, Pflanze und Mineral.

Betrachten wir jetzt einmal, meine Herren, wie es auf der Erde geworden ist, sagen wir, mit einem Vogel.

Der Vogel war hier während der Sonnenzeit noch irgendein «Luftikus», da bestand er nur aus Luft. Eine solche Luftmasse schwebte dahin.

Jetzt wird das während dieser Zeit (Mond) wässrig, dicklich-wässrig, und es schwebte als eine Art Wolke dahin (s. Zeichnung, nächste Seite) – nur nicht wie unsere Wolken sind, sondern so, dass drinnen schon die Gestalt war. Was bei uns nur ungeformte Wasserbildungen sind, das waren damals geformte Wasserbildungen. Es hatte so Skelettform, aber es war nur Wasserbildung.

Und jetzt kommen die Mineralien, jetzt gliedert sich in dasjenige, was nur Wasserbildung ist, das Mineralische herein, kohlensaurer Kalk, phosphorsaurer Kalk und so weiter. Das geht dem Skelett entlang, da bilden sich die festen

Knochen hinein. So haben wir

- zuerst den *Luftvogel*,
- dann den *Wasservogel* und
- zuletzt den festen *Erdvogel*.

Beim Menschen konnte das nicht so gehen. Der Mensch konnte sich nicht einfach dasjenige eingliedern, was nur als Mineral während seiner Keimzeit entstand. Der Vogel kann das. Warum kann er das?

Sehen Sie, der Vogel, der hat hier (Sonne) seine Luftgestalt bekommen, er lebt dann den Wasserzustand durch. Jetzt hat er es nötig, während er im Keim ist, das Mineralische nicht zu stark an sich herankommen zu lassen. Denn wenn dieses Mineral zu früh an ihn herankommt, dann wird er eben ein

Mineral, dann verhärtet er.

Der Vogel ist also jetzt, während er entsteht, gewissermaßen noch wässrig und flüssig, das Mineralische will aber schon heran. Was tut er, der Vogel? Ja, er weist es zunächst

ab, er macht es um sich herum, er macht um sich herum die Eischale! (S. Zeichnung). Da ist das Mineralische. Die Eischale bleibt so lange, als der Vogel innerlich das Mineralische von sich fernhalten muss, also flüssig bleiben muss. Woher kommt das beim Vogel?

Das kommt beim Vogel daher, dass er erst beim zweiten Zustand der Erde entstanden ist. Wäre er beim ersten da gewesen, so wäre er gegen die Wärme viel empfindlicher, als er schon ist. Er ist gegen die Wärme nicht so empfindlich, weil er während des ersten Zustands noch nicht da war. Jetzt kann er dadurch, dass er damals noch nicht da war, die feste Eischale um sich herum bilden.

Der Mensch war während des ersten Wärmezustands schon da und kann daher das Mineral nicht abhalten, solange er im Keimzustand ist. Er kann keine Eischale bilden. Daher muss er anders organisiert werden, er muss schon aus dem Mutterleib etwas Mineralisches aufnehmen. Deshalb haben wir die Mineralbildung schon am Ende des Keimzustands da. Er muss aus dem Mutterleib etwas Mineralisches aufsaugen.

Da muss aber doch erst der Mutterleib das Mineral haben, das sich absondern kann. Es muss sich also beim Menschen das Mineralische ganz anders eingliedern als beim Vogel.

Der Vogel hat luftdurchsetzte Knochen, wir haben markdurchsetzte Knochen. Wir haben Mark in den Knochen – ganz anders als der Vogel, nicht luftdurchsetzt wie der Vogel. Dadurch, dass wir solches Mark haben, dadurch hat die Mutter eines Menschen die Möglichkeit, innerlich schon Mineralisches an den Menschen abzugeben.

Aber in der Zeit, in der nun wieder Mineralisches abgegeben wird, kann der Mensch in der mütterlichen Umgebung nicht mehr leben. Da muss er nach und nach geboren werden, da muss er dann an das Mineralische erst herankommen.

- Beim *Vogel* haben wir nicht das Geborenwerden, sondern ein Auskriechen aus der Eischale;
- beim *Menschen* haben wir das Geborenwerden, ohne dass eine Eischale auftritt.

Warum? Weil der Mensch eben früher entstanden ist, so kann bei ihm alles durch Wärme, und nicht durch Luft, abgemacht werden.

Daraus verstehen Sie diese Unterschiede, die heute noch da sind, die man heute noch beobachten kann. Der Unterschied zwischen einem Tier und einem solchen Wesen, wie der Mensch es ist, oder den höheren Säugetieren – höhere Säugetiere, die gibt es auch auf der Erde –, dieser Unterschied beruht darauf, dass der Mensch viel älter ist als so etwas wie das Vogelgeschlecht, viel älter ist als die Mineralien.

Daher muss er, wenn er noch ganz jung ist, während seiner Keimzeit im Mutterleib, vor der Mineralnatur geschützt werden. Es darf ihm nur das zubereitete Mineral gegeben werden, was durch den mütterlichen Leib kommt. Ja, es muss ihm sogar dasjenige, was durch den mütterlichen Leib an Mineralischem zubereitet wird, nach der Geburt eine Zeit lang in der Muttermilch verabreicht werden.

Während der Vogel gleich mit äußeren Stoffen genährt werden kann, müssen der Mensch und das höhere Tier durch dasjenige genährt werden, was nur durch den mütterlichen Leib kommt.

Und nun ist die Sache so: Dasjenige, was der Mensch im heutigen Erdzustand durch den mütterlichen Leib hat, das hatte er während des früheren Zustands durch die Luft, durch die Umgebung. Da war einfach dasjenige, was der Mensch das ganze Leben hindurch hatte, milchartig. Heute ist unsere äußere Luft so, dass sie Sauerstoff und Stickstoff enthält und nur verhältnismäßig wenig Kohlenstoff und Wasserstoff – und vor allen Dingen sehr, sehr wenig Schwefel. Die sind weggegangen.

Als noch dieser Mondzustand da war, da war es anders. Da war in der Umgebung nicht bloß eine Luft, die aus Sauerstoff und Stickstoff bestand, sondern da war noch Wasserstoff, Kohlenstoff und Schwefel dabei. Das gab aber einen Milchbrei um den Mond herum, einen ganz dünnen Milchbrei, in dem gelebt wurde. Aber in einem dünnen Milchbrei lebt der Mensch auch heute noch, wenn er ungeboren ist.

Denn nachher erst, wenn der Mensch geboren ist, geht die Milch in die Brust hinein, vorher geht sie im weiblichen Körper in diejenigen Teile hinein, wo der Menschenkeim liegt. Und das ist das Eigentümliche, dass diejenigen Vorgänge, die im mütterlichen Organismus vor der Geburt nach der Gebärmutter hingehen, nachher weiter herauf in die Brüste gehen.

Und so haben wir beim Menschen den Mondzustand

heute noch erhalten, bevor er geboren wird, und den eigentlichen Erdzustand von dem Moment an, wo er geboren wird, wo das Mondhafte nur noch in der Milchernährung etwas nachdämmert.

So muss man eigentlich die Dinge, die mit der Erd- und Menschentstehung zusammenhängen, erklären. Und es kann der Mensch heute, wenn er nicht an eine geistige Wissenschaft herandringt, sich eigentlich gar nicht enträtseln, warum der Vogel aus einem Ei ausschlüpft und gleich mit äußeren Stoffen genährt werden kann, während der Mensch nicht aus einem Ei ausschlüpfen kann, sondern aus dem mütterlichen Leib selbst kommen muss und noch mit Muttermilch genährt werden muss. Warum?

Ja, weil der Vogel später entstanden ist, er also ein äußerlicheres Wesen ist. Der Mensch ist früher entstanden und war, als dieser Zustand da war, eigentlich noch nicht so weit verhärtet wie der Vogel es ist. Daher ist er auch heute noch nicht so weit verhärtet, muss noch mehr geschützt werden, hat noch viel mehr von ursprünglichen Zuständen in sich.

Weil man heute so etwas überhaupt nicht mehr richtig nachdenken kann, missversteht man dasjenige, was als Pflanze, Tier und Mensch auf der Erde ist. Da ist der materialistische Darwinismus entstanden, der glaubt, zuerst wären die Tiere da gewesen und dann der Mensch. Der hätte sich einfach aus den Tieren entwickelt.

Wahr ist an der Sache, dass der Mensch seiner äußerlichen Gestalt nach mit den Tieren verwandt ist. Aber der Mensch war früher da, und das Tier hat sich eigentlich später herausgebildet, als schon ein Verwandlungszustand in der Welt da war.

Und so können wir sagen: Die Tiere stellen schon einen Zustand von Nachkommenschaft von dem dar, was früher da war, wo das Tier noch verwandter war mit dem Menschen. Aber wir dürfen uns niemals vorstellen, dass aus dem heutigen Tier heraus ein Mensch werden könnte. Das ist eben eine durchaus falsche Vorstellung.

Nun, schauen wir uns jetzt nicht das Vogelgeschlecht an, sondern schauen wir uns das *Fischgeschlecht* an.

- Das *Vogelgeschlecht* war für die Luft entstanden,
- das *Fischgeschlecht* ist fürs Wasser entstanden.

Erst als dieser Zustand da war, den ich den Mondzustand nenne, erst da bildeten sich gewisse frühere luftartige Vogelwesen so um, dass sie durch das Wasser fischähnlich wurden. So kamen also zu dem, was hier vogelartig war, die Fische dazu.

Die Fische sind, ich möchte sagen, verwässerte Vögel, vom Wasser aufgenommene Vögel. Wir können daraus ablesen: Die Fische sind später als die Vögel entstanden, sie sind erst entstanden, als das wässrige Element schon da war. Die Fische entstehen also während der alten Mondzeit.

Und jetzt werden Sie sich auch nicht mehr wundern: Was da Wässriges überhaupt herumschwamm während der alten Mondzeit, das schaute alles fischähnlich aus. Die Vögel schauten ja früher auch, obwohl sie in der Luft flogen, fischähnlich aus, nur dass sie eben leichter waren. Alles schaute fischähnlich aus in der alten Mondzeit.

Und nun ist es interessant, meine Herren: Wenn wir heute einen Menschenkeim anschauen, so am 21., 22. Tag nach der Befruchtung, wie schaut er denn da aus? Da schwimmt

er in diesem Wässrigen drinnen, das im Mutterleib ist, und ausschauen tut er nämlich dann so richtig wie ein kleines Fischlein (s. Zeichnung). Diese Gestalt, die der Mensch während der alten Mondzeit hatte, die hat er da richtig noch in der dritten Woche der Schwangerschaft. Die hat er sich bewahrt.

Sodass Sie also sagen können: Der Mensch arbeitet sich

erst aus dieser alten Mondgestalt heraus, und wir können es heute noch an dieser Fischgestalt sehen, die er im Mutterleib hat, wie er sich da herausarbeitet.

Überall, wenn wir die heutige Welt beobachten, können wir sehen, wie das frühere Leben war – so wie wir bei einem Leichnam wissen, dass früher Leben da war. So schilderte ich Ihnen ja heute dasjenige, was mineralisch auf der Erde entstanden ist, wie es früher war.

Geradeso wie wir sehen würden: Da liegt ein Leichnam, sehen Sie ihn an: Er kann die Beine nicht mehr bewegen, die Hände nicht mehr bewegen, der Mund kann nicht mehr aufgemacht werden, die Augen nicht mehr aufgeschlagen werden, es ist alles unbeweglich geworden. Aber das führt uns zurück in einen Zustand, wo alles beweglich war, die Beine beweglich, die Arme beweglich, die Hände beweglich, die Augen konnten aufgetan werden.

Geradeso schauen wir hier auf einen Erdenleichnam, der von einem Lebendigen übrig ist, in dem die Menschen und die Tiere noch herumwandelten. Und wir schauen zurück, wie die Erde einmal lebendig war.

Aber es geht noch weiter, meine Herren. Sehen Sie, ich sagte Ihnen: Wenn die Empfängnis da ist, so ist die Anlage zum physischen Menschen da, so bildet sich allmählich der Embryo. Was dem vorangeht, das habe ich Ihnen alles geschildert: Alles, was im weiblichen Organismus vorgeht, was sich in der Periode abstößt, was aber auch zu einem

Ausstoßen im Geist wird.

Ja, bei diesem Vorgang ist immer etwas – wenn es auch bei gesunden Frauen nicht bemerkbar wird, wenn sie sich auch aufrechterhalten, wenn sie gesunde Frauen sind –, aber es ist immer etwas von Fieber vorhanden, richtig etwas von Fieber vorhanden. Warum denn? Ja, weil ein Wärmezustand da ist. Da lebt die Frau in der Wärme. Was ist das für ein Wärmezustand?

Das ist derjenige Wärmezustand, der sich von diesem alten ersten Zustand erhalten hat, den ich hier Saturn genannt habe. Da lebt noch dieser Fieberzustand fort. Sodass wir sagen können: Diese ganze Entwicklung ging von einer Art Fieberzustand unserer Erde aus. Und die Abkühlung, die brachte erst dieses Fieber fort.

Heute sind die meisten Menschen durchaus nicht mehr fiebrig, sondern recht trocken und nüchtern. Aber wenn noch etwas, jetzt nicht durch äußere Wärme, sondern innerlich auftritt, sodass wir mehr im inneren Leben dem ähnlich werden, wie es in der Wärme ist, wenn da durch innerliche Wärme etwas auftritt, dann kommen wir auch noch ins Fiebrige hinein.

Und so ist es schon, meine Herren: Man sieht noch überall an den Zuständen des heutigen Menschen, wie man in alte Zustände zurückgehen kann. Und so habe ich Ihnen also heute geschildert, wie sich nach und nach Mensch, Tier, Pflanze, Mineral entwickelte, indem der Weltkörper, auf dem sich das entwickelte, immer fester und fester wurde.

Das wollen wir dann – heute ist Montag – am nächsten Mittwoch um 9 Uhr weiter besprechen.

Zweiter Vortrag

Als die Erde «Mond» war –
die Vorfahren von Fischen und Vögeln

Dornach, 3. Juli 1924

Guten Morgen, meine Herren!

Ich will nun heute weiterreden über die Schöpfung der Erde, die Entstehung des Menschen und so weiter.

Es ist Ihnen ja wohl aus dem, was ich Ihnen gesagt habe, klar geworden, dass unsere ganze Erde ursprünglich nicht so war, wie sie sich heute darstellt, wie sie heute ist, sondern dass sie eine Art von Lebewesen war.

Und wir haben ja den letzten Zustand vor dem eigentlichen irdischen Zustand, den wir besprochen haben, dadurch kennengelernt, dass wir sagen mussten: Wärme war da, Luft war da, Wasser war auch da. Aber es war noch nicht eine eigentliche feste mineralische Erdmasse da. Nur müssen Sie sich denken, dass Sie sich nicht vorstellen müssen, dass das Wasser, das damals da war, schon so aussah wie das heutige Wasser.

Das heutige Wasser ist ja erst dadurch so geworden, dass diejenigen Stoffe, die vorher im Wasser aufgelöst waren, sich aus dem Wasser heraus abgeschieden haben. Wenn Sie heute nur ein ganz gewöhnliches Glas Wasser nehmen, etwas Salz hineingeben, so löst sich das Salz im Wasser auf. Sie bekommen eine Flüssigkeit, eine Salzlösung, wie man sagt, die viel dicker ist als das Wasser. Wenn Sie hineingreifen, spüren Sie die Salzlösung viel dicker, dichter als das Wasser.

Nun ist aufgelöstes Salz noch verhältnismäßig dünn. Es können auch andere Stoffe aufgelöst werden, dann kriegt man eine ganz dickliche Flüssigkeit. Sodass also dieser Flüssigkeits-, dieser Wasserzustand, der einmal auf unserer Erde in früheren Zeiten da war, nicht heutiges Wasser darstellt. Das gab es damals nicht, da in allem Wasser Stoffe aufgelöst waren.

Denken Sie doch: Alles dasjenige, was Sie an heutigen Stoffen haben, das Jurakalkgebirge zum Beispiel, das war da drinnen aufgelöst. Alles dasjenige, was Sie in härteren Gesteinen haben, die Sie nicht mit dem Messer ritzen können – Kalk können Sie immer noch mit dem Stahlmesser ritzen –, das war auch im Wasser aufgelöst.

Man hat es also während dieser alten Mondzeit mit einer dicklichen Flüssigkeit zu tun, in der alle Stoffe, die heute fest sind, aufgelöst enthalten waren.

Das heutige dünne Wasser, das im Wesentlichen aus Wasserstoff und Sauerstoff besteht, das hat sich erst später abgeschieden. Das ist erst während der Erdenzeit selbst entstanden. Sodass wir also einen ursprünglichen Zustand der Erde haben, der ein verdicktes Flüssiges darstellt.

Und ringsherum haben wir dann auch eine Art von Luft, wie wir sie jetzt haben, aber wir haben auch keine solche Luft wie heute gehabt. Gerade wie das Wasser nicht so ausgeschaut hat wie unser heutiges Wasser, so war auch die Luft nicht so wie unsere heutige Luft (s. Zeichnung).

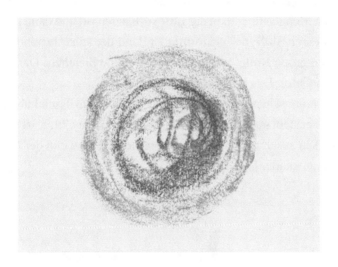

Unsere heutige Luft enthält ja im Wesentlichen Sauerstoff und Stickstoff. Die anderen Stoffe, die die Luft noch enthält, sind in sehr geringer Menge noch vorhanden. Es sind eigentlich sogar Metalle als Metalle in der Luft noch vorhanden, aber in furchtbar geringen Mengen.

Sehen Sie, es ist zum Beispiel ein Metall, das Natrium heißt, in geringen Mengen in der Luft enthalten. Überall wo wir sind, ist das Natriummetall. Nun denken Sie aber doch, was das heißt, dass Natrium überall ist, dass dieser eine Stoff, der in Ihrem Salz ist, wenn Sie auf dem Tisch Salz haben, in kleinen Mengen überall vorhanden ist.

Sehen Sie, es gibt zwei Stoffe: Das eine ist dieser Stoff, den ich jetzt angeführt habe, das Natrium, das in ganz kleinen Mengen überall in der Luft vorhanden ist, und dann gibt es einen Stoff, der gasförmig ist. Und der spielt besonders eine große Rolle, wenn Sie Ihre Wäsche bleichen: Das ist das Chlor. Das bewirkt das Bleichen.

Nun, sehen Sie: Das Salz, das Sie auf dem Tisch haben, das besteht aus diesem Natrium und aus dem Chlor, ist aus diesen zusammengesetzt. So kommen die Dinge in der Natur zustande.

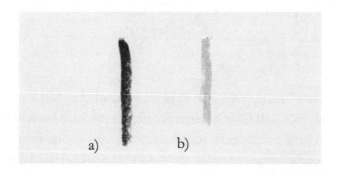

Sie können fragen: Ja, wie weiß man, dass Natrium überall ist? Ja, sehen Sie, es gibt heute schon die Möglichkeit, wenn man irgendwo eine Flamme hat, nachzuweisen, was für ein Stoff in dieser Flamme verbrennt. Wenn Sie zum Beispiel das Natrium, das man metallisch kriegen kann, pulverisieren und in eine Flamme hineinhalten, so können Sie dann mit einem Instrument, das man das Spektroskop nennt, eine gelbe Linie darin finden (s. Zeichnung, b).

Es gibt ein anderes Metall, das heißt Lithium. Wenn Sie das in die Flamme hineinhalten, so bekommen Sie eine rote Linie (a), da ist die gelbe Linie nicht da, aber da ist die rote Linie da. Man kann also schon mit dem Spektroskop nachweisen, was für ein Stoff vorhanden ist.

Die gelbe Natriumlinie bekommen Sie fast aus jeder Flamme. Das heißt, wenn Sie irgendwo, ohne dass Sie Natrium hineintun, eine Flamme anzünden, so kriegen Sie da die Natriumlinie in jeder Flamme, also dieses Natrium ist heute noch in jeder Flamme.

Aber von allen diesen Metallen, namentlich aber vom Schwefel, waren früher riesige Mengen hier in der Luft vorhanden. Sodass die Luft also in jenem alten Zustand sozusagen höchst schwefelhaltig war, ganz ausgeschwefelt war.

Wie wir also da ein dickliches Wasser haben – und wenn man nicht besonders schwer gewesen wäre, hätte man auf diesem Wasser spazieren gehen können, es ist zuweilen so wie rinnender Teer gewesen –, so war die Luft auch dicker, so dick, dass man mit den heutigen Lungen darin nicht hätte atmen können, die haben sich auch erst später gebildet.

Die Lebensweise derjenigen Wesen, die damals da waren, war eine wesentlich andere.

Nun, so müssen Sie sich vorstellen, dass die Erde einmal ausgesehen hat. Hätten Sie sich mit heutigen Augen auf dieser Erde befunden, so würden Sie auch nicht zu einer solchen Ansicht gekommen sein, dass da draußen Sterne sind, Sonne und Mond sind. Denn da hat man nicht in die Sterne, sondern eben in ein unbestimmtes Luftmeer hineingeschaut, das eben nach einiger Zeit aufgehört hat.

Man wäre sozusagen, wenn man damals mit den heutigen Sinnesorganen hätte leben können, wie in einem Welt-Ei drinnen gewesen, über das man nicht hinausgesehen hat. Wie in einem Welt-Ei drinnen wäre man gewesen! Und Sie können sich schon vorstellen, dass auch die Erde damals anders ausgesehen hat: wie ein riesiger Eidotter, eine dickliche Flüssigkeit mit einer dicklichen Luftumgebung, wie das, was heute das Eiweiß im Ei darstellt.

Wenn Sie sich das ganz real vorstellen, was ich Ihnen da schildere, so werden Sie sich sagen müssen: Ja, damals konnten aber solche Wesen nicht leben, wie es die heutigen Wesen sind.

Natürlich, solche Wesen wie die heutigen Elefanten zum Beispiel, aber auch die Menschen in der heutigen Gestalt, die wären ja sozusagen versunken, außerdem hätten sie nicht atmen können. Und weil sie da nicht hätten atmen können, haben sie ja auch nicht Lungen in der heutigen

Gestalt gehabt.

Diese Organe bilden sich ganz in dem Sinne, wie sie gebraucht werden. Das ist das Interessante, dass ein Organ gar nicht da ist, wenn es nicht gebraucht wird. Also Lungen haben sich erst in dem Maße entwickelt, in dem die Luft nicht mehr so schwefelhaltig und metallreich war, wie sie in dieser alten Zeit war.

Nun, wenn wir uns eine Vorstellung davon bilden wollen, was für Wesen damals gelebt haben, dann müssen wir zuerst diejenigen Wesen aufsuchen, welche in dem verdickten Wasser gelebt haben.

In diesem dicklichen Wasser haben Wesen gelebt, die heute nicht mehr existieren. Nicht wahr, wenn wir heute von unserer gegenwärtigen Fischform reden, so ist diese Fischform da, weil das Wasser dünn ist. Auch das Meerwasser ist verhältnismäßig dünn. Es enthält viel Salz aufgelöst, aber es ist doch verhältnismäßig dünn.

Nun, damals war alles Mögliche in dieser dicklichen Flüssigkeit, in diesem dicklichen Meer aufgelöst, aus dem eigentlich die ganze Erde, der Mondsack, bestanden hat. Die Wesen, die darin waren, die konnten nicht schwimmen wie die heutigen Fische schwimmen, weil das Wasser eben zu dick war. Aber sie konnten auch nicht gehen, denn gehen muss man auf einem festen Boden.

Und so können Sie sich vorstellen, dass diese Wesen eine Organisation hatten, einen Körperbau hatten, der zwischen dem, was man zum Schwimmen braucht – Flossen – und dem, was man zum Gehen braucht – Füße – mittendrin liegt.

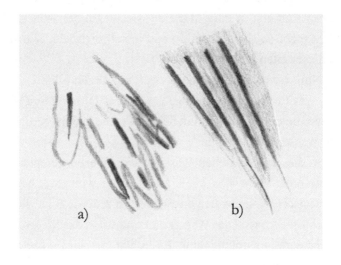

Sehen Sie, wenn Sie eine Flosse haben – Sie wissen ja, wie Flossen ausschauen: Die haben solche stacheligen, ganz dünnen Knochen, und dasjenige, was an Fleischmasse dazwischen ist, das ist vertrocknet – sodass wir eine Flosse mit fast gar keiner Fleischmasse daran haben und stachelige, zu Stacheln umgebildete Knochen (s. Zeichnung, b). Das ist eine Flosse. Gliedmaßen, die dazu geeignet sind, zum Gehen auf Festem oder zur Fortbewegung im Flüssigen, also zum Gehen oder zum Schwimmen, die lassen die Knochen ins Innere zurücktreten, und die Fleischmasse bedeckt sie äußerlich (a).

Sodass wir solche Gliedmaßen so auffassen können, dass sie außen Fleischmasse haben, die Knochen nur im Inneren. Da ist die Fleischmasse das Hauptsächlichste, das gehört zum Gehen, das gehört zum Schwimmen. Aber weder Gehen noch Schwimmen gab es damals, sondern etwas, was dazwischenliegt.

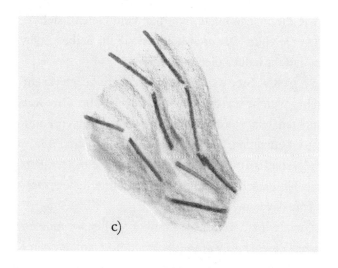

Daher hatten diese Tiere auch Gliedmaßen, in denen schon so etwas wie Stacheliges war, aber nicht der reine Stachel, sondern so, dass schon so etwas wie Gelenke vorhanden war (c). Es waren Gelenke, sogar ganz künstlerische Gelenke, dazwischen war aber Fleischmasse ausgespannt wie ein Schirm. Wenn Sie heute noch manche Schwimmtiere mit der Schwimmhaut zwischen den Knochen anschauen, dann ist das der letzte Rest dessen, was einstmals im höchsten Maße vorhanden war.

Da waren Tiere vorhanden, welche ihre Gliedmaßen so ausstreckten, dass sie mit der Fleischmasse, die da ausgespannt war, von der dicklichen Flüssigkeit getragen wurden. Und sie hatten schon Gelenke an den Gliedern – nicht so wie die Fische heute, wo man kein Gelenk sieht –, sie hatten Gelenke. Dadurch konnten sie ihr halbes Schwimmen und ihr halbes Gehen dirigieren.

So, sehen Sie, werden wir auf Tiere aufmerksam gemacht, welche in der Hauptsache solche Gliedmaßen brauchten. Uns würden sie heute riesig plump vorkommen, diese Gliedmaßen: Sie sind nicht Flossen, nicht Füße, nicht Hände, sondern plumpe Ansätze an dem Leib, aber ganz geeignet, in dieser dicklichen Flüssigkeit zu leben. Das war die eine Art von Tierheit.

Wenn wir sie weiter beschreiben wollen, so müssen wir sagen: Diese Tiere waren ganz darauf veranlagt, den Körper so auszubilden, dass diese riesigen Gliedmaßen entstehen konnten. Alles Übrige war bei diesen Tieren schwach ausgebildet.

Sehen Sie, dasjenige, was heute an Kröten oder solchen Tieren vorhanden ist, die im Sumpfigen, also im Dicklich-

Flüssigen schwimmen, halb schwimmen – wenn Sie das nehmen, so haben Sie eben schwache, zaghafte Nachbildungen von riesigen Tieren, die einmal gelebt haben, die plump waren, aber verkleinerte Köpfe wie die Schildkröte hatten.

Und in der dicklichen Luft lebten andere Tiere. Unsere heutigen Vögel haben dasjenige aufnehmen müssen, was sie brauchen, weil sie eben in der dünnen Luft leben. Dadurch mussten sie schon etwas von Lungen ausbilden.

Aber die Tiere, die damals in der Luft lebten, die hatten keine Lungen, denn in der verdickten, schwefelartigen Luft ging es nicht, mit Lungen zu atmen. Aber sie nahmen doch diese Luft so auf, dass es eine Art von Essen war.

Diese Tiere konnten nicht in der heutigen Weise essen, denn es wäre ihnen alles im Magen liegen geblieben. Es war ja auch nichts Festes zum Essen da. Sie nahmen alles das, was sie an Nahrung aufnahmen, aus der verdickten Luft auf. Aber wohinein nahmen sie es auf? Sehen Sie, sie nahmen es in dasjenige auf, was sich in ihnen wieder besonders ausgebildet hat.

Nun, diese Fleischmasse, die damals an diesen Schwimmtieren vorhanden war, an diesen, ich möchte sagen, Gleittieren – denn es war ja nicht ein Gehen, auch nicht ein Schwimmen –, diese Fleischmasse, die konnten die damaligen Lufttiere wieder nicht brauchen, weil die ja nicht in der verdickten Flüssigkeit schwimmen, sondern in der Luft sich selbst tragen sollten.

Dieser Umstand, dass sie sich selbst in der Luft tragen sollten, der bewirkte ja bei diesen Tieren, dass diese Fleischmassen, die sich bei den gleitenden, halb schwimmenden Tieren entwickelten, sich dem Schwefelverhältnis der Luft anpassten. Der Schwefel vertrocknete diese Fleischmassen und machte sie zu dem, was Sie heute an den Federn sehen (s. Zeichnung, d).

An den Federn ist diese vertrocknete Fleischmasse. Es ist ja auch vertrocknetes Gewebe, aber mit diesem vertrockneten Gewebe konnten diese Tiere wiederum diejenigen

Gliedmaßen bilden, die sie brauchten. Es waren nun auch nicht im heutigen Sinne Flügel, aber die trugen sie in dieser dicken Luft. Sie waren schon flügelähnlich, aber nicht ganz so wie heutige Flügel. Vor allen Dingen in einem waren sie sehr, sehr voneinander verschieden.

Sehen Sie, heute ist ja nur noch etwas von dem zurückgeblieben, was damals diese merkwürdigen flügelähnlichen Gebilde hatten. Heute ist nur das Mausern zurückgeblieben, wo die Vögel ihre Federn verlieren.

Diese Tiere hatten also solche Gebilde, die noch nicht Federn waren, aber die mehr die vertrockneten Gewebe ausbildeten, mit denen dann diese Tiere sich in der verdickten Luft hielten. Diese Gebilde waren eigentlich halb Atmungsorgane, halb Organe zur Aufnahme der Nahrungsmittel. Es wurde dasjenige aufgenommen, was in der Luftumgebung war.

Und so war ein jedes solches Organ, namentlich diejenigen Organe, die nicht zum Fliegen benutzt wurden, die aber in ihren Ansätzen auch da waren, wie der Vogel am ganzen Leib Federn hat. Diese Ansätze waren da, diese Flügel waren zur Aufnahme und zum Abscheiden der Luft da. Heute ist davon nur das Mausern zurückgeblieben. Damals wurde aber damit genährt, das heißt, der Vogel plusterte sein Gewebe auf mit dem, was er von der Luft hereinsog, und dann gab er wiederum das von sich, was er nicht mehr brauchte, sodass ein solcher Vogel schon ein sehr merkwürdiges Gebilde war.

Sehen Sie, in der damaligen Zeit, da lebten diese furchtbar plumpen Wassertiere – die heutigen Schildkröten sind schon die reinsten Prinzen dagegen. Diese Tiere da unten, die waren im flüssigen Element, da oben waren diese merkwürdigen Tiere.

Und während sich die heutigen Vögel in der Luft manchmal unanständig benehmen, was wir ihnen schon übelnehmen, nicht wahr, haben diese vogelartigen Tiere in der Luft da oben fortwährend abgeschieden. Und dasjenige, was von ihnen kam, regnete herunter. Besonders zu gewissen Zeiten regnete es herunter.

Aber die Tiere, die unten waren, die hatten noch nicht die Gewohnheiten, die wir haben. Wir sind gleich schrecklich ungehalten, wenn einmal ein Vogel sich etwas unanständig benimmt. So waren diese Tiere, die da unten in dem flüssigen Element waren, nicht, sondern die sogen das wiederum auf – in ihren eigenen Körper sogen sie das auf, was da herunterfiel. Und das war damals zugleich die Befruchtung.

Dadurch konnten diese Tiere, die da entstanden waren, überhaupt nur weiterleben, dass sie das aufnahmen, nur dadurch konnten sie weiterleben. Und wir haben damals nicht ein so ausgesprochenes Hervorgehen des einen Tieres aus dem anderen gehabt wie jetzt, sondern man möchte sagen: Damals war es noch so, dass eigentlich diese Tiere lange lebten, sie bildeten sich immer wiederum neu. Es war so ein «Weltmausern», möchte ich sagen, sie verjüngten sich immer wieder, diese Tiere da unten.

Dagegen die Tiere, die oben waren, die waren wiederum darauf angewiesen, dass zu ihnen dasjenige kam, was die Tiere unten entwickelten, und dadurch wurden diese wiederum befruchtet. Sodass die Fortpflanzung damals etwas ganz anderes war, etwas war, was im ganzen Erdkörper vor sich ging:

- Die *obere Welt* befruchtete die untere,
- die *untere Welt* befruchtete die obere.

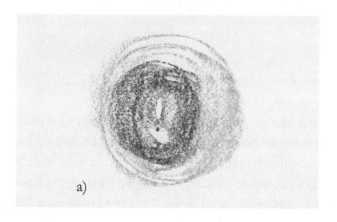

a)

Es war überhaupt ein ganz belebter Körper (s. Zeichnung, a). Und ich möchte sagen: Dasjenige, was da an solchen

Tieren da unten und was an Tieren da oben war, war wie die Maden in einem Körper drinnen, wo der ganze Körper lebendig ist und die Maden darin auch lebendig sind.

Es war also *ein* Leben, und die einzelnen Wesen, die drinnen lebten, lebten in einem ganz lebendigen Körper drinnen.

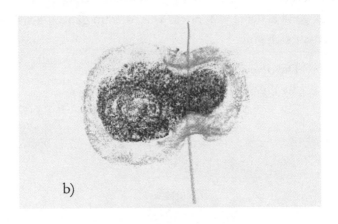

Später ist aber einmal ein Zustand, ein Ereignis gekommen, das von ganz besonderer Wichtigkeit war. Diese Geschichte hätte nämlich lange fortgehen können, da wäre aber alles nicht so geworden, wie es jetzt auf der Erde ist. Da wäre alles so geblieben, dass plumpe Tiere mit luftfähigen Tieren zusammen einen lebendigen Erdenkörper bewohnt hätten. Aber es ist eines Tages etwas Besonderes eingetreten.

Sehen Sie, wenn wir diese lebendige Bildung der Erde

da nehmen (b), so trat das ein, dass sich eines Tages von dieser Erde wirklich, man kann schon sagen, ein Junges bildete, das in den Weltraum herausging.

Diese Sache geschah so, dass da ein kleiner Auswuchs entstand. Das verkümmerte und spaltete sich zum Schluss ab. Und es entstand da stattdessen ein Körper, hier draußen im Weltraum (c), der das Luftförmige, das da in der Umgebung ist, innerlich hatte und außen die dickliche Flüssigkeit hatte.

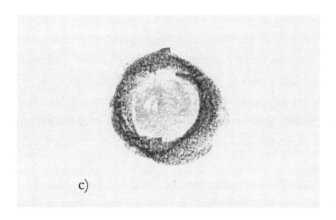

Also ein umgekehrter Körper spaltete sich ab. Während die Erde dabei blieb, ihren innerlichen Kern dickflüssig zu haben, außen dickliche Luft zu haben, spaltete sich ein Körper ab, der außen das Dickliche hatte und innen das Dünne. Und in diesem Körper – wenn man nicht mit Vorurteil, sondern mit richtiger Untersuchung an die Sache herangeht –, in diesem Körper kann man den heutigen Mond erkennen.

Heute kann man schon ganz genau wissen – so wie man das Natrium in der Luft finden kann, ganz genau finden kann, aus was die Luft besteht, so kann man ganz genau wissen: Der Mond war einmal in der Erde drinnen. Was da draußen als Mond herumkreist, war in der Erde drinnen und hat sich von ihr abgetrennt, ist in den Weltraum hinausgegangen.

Und damit ist dann eine ganze Veränderung eingetreten – sowohl mit der Erde wie mit demjenigen, das hinausgegangen ist. Vor allen Dingen hat die Erde da gewisse Substanzen verloren, jetzt erst konnte sich das Mineralische in der Erde bilden. Wenn die Mondsubstanzen in der Erde drinnen geblieben wären, so hätte sich niemals das Mineralische bilden können, sondern es wäre immer ein Flüssiges und Bewegtes gewesen.

Erst der Mondaustritt hat der Erde den Tod gebracht und damit das Mineralreich, das tot ist. Aber damit sind auch die heutigen Pflanzen, die heutigen Tiere und der Mensch in seiner heutigen Gestalt erst möglich geworden.

Nun können wir also sagen: Es ist aus dem alten Mondzustand der Erde der heutige Erdzustand entstanden. Damit ist das Mineralreich entstanden.

Und jetzt haben sich alle Formen ändern müssen. Denn

jetzt ist eben gerade dadurch, dass der Mond herausgetreten ist, die Luft weniger schwefelhaltig geworden, hat sich immer mehr und mehr dem heutigen Zustand der Erde selbst genähert.

So hat sich auch dasjenige abgesetzt, was in der Flüssigkeit aufgelöst war, es bildete gebirgsartige Einschlüsse. Das Wasser wurde immer mehr unserem heutigen Wasser ähnlich. Dagegen der Mond, der dasjenige in der Umgebung hat, was wir in der Erde im Inneren haben, der bildete nach außen eine ganz hornartige dickliche Masse. Auf die schauen wir hinauf.

Die ist nicht so wie unser Mineralreich, sondern die ist so, wie wenn unser Mineralreich hornartig geworden und verglast wäre, außerordentlich hart, härter als alles Hornartige, was wir auf der Erde haben, aber doch nicht ganz mineralisch, sondern hornartig. Daher diese eigentümliche Gestalt der Mondberge: Diese Mondberge sehen eigentlich ja alle so aus wie Hörner, die angesetzt sind. Sie sind so gebildet, dass man das Organische darin, dasjenige, was einmal mit dem Leben zusammenhing, eigentlich an ihnen wahrnehmen kann.

Es setzte sich also von diesem Zeitpunkt an, wo der Mond herausging, aus der damaligen dicklichen Flüssigkeit immer mehr und mehr das heutige Mineralreich ab.

Da wirkte insbesondere ein Stoff, der in diesen alten Zeiten riesig stark vorhanden war, ein Stoff, der aus Kiesel und Sauerstoff besteht und den man Kieselsäure nennt.

Sehen Sie, Sie haben die Vorstellung, eine Säure muss – weil das bei einer Säure, die man heute verwendet, so ist – etwas Flüssiges sein. Aber die Säure, die ich hier meine und die eine richtige Säure ist, die ist etwas ganz Festes: Es ist nämlich der Quarz, der Quarz, den Sie im Hochgebirge finden. Denn der Quarz ist Kieselsäure. Und wenn er weißlich und glasartig ist, so ist er sogar reine Kieselsäure. Wenn er irgendwelche anderen Stoffe enthält, so bekommen Sie diese Quarze, die violettlich und so weiter sind. Das ist von Stoffen, die darin eingeschlossen sind.

Aber dieser Quarz, der heute so dick ist, dass Sie ihn nicht mit dem Stahlmesser ritzen können, dass Sie sich schon ordentliche Löcher schlagen, wenn Sie mit dem Kopf daran stoßen, dieser Quarz war damals in jenen alten Zeiten ganz aufgelöst – entweder da drinnen in der dicklichen Flüssigkeit oder in den halbfeinen Partien in der Umgebung, in der verdickten Luft aufgelöst.

Und man kann schon sagen: Neben dem Schwefel waren in der verdickten Luft, welche die damalige Erde hatte, riesige Mengen von solchem aufgelösten Quarz. Sie können eine Vorstellung davon bekommen, wie stark damals der Einfluss dieser aufgelösten Kieselsäure gewesen ist, wenn Sie heute betrachten, wie eigentlich die Erde noch immer da, wo wir leben, zusammengesetzt ist.

Ja, Sie können da natürlich sagen: Da muss viel Sauerstoff da sein, denn den brauchen wir zum Atmen, viel Sauerstoff muss auf der Erde sein. Es ist auch viel Sauerstoff auf der Erde da, 28% bis 29% der gesamten Erdenmasse, die wir haben. Sie müssen dann nur alles nehmen: In der Luft ist der Sauerstoff, in vielen Substanzen, die auf der Erde fest sind, ist der Sauerstoff enthalten, Sauerstoff ist in den Pflanzen, in den Tieren. Aber wenn man alles zusammennimmt, so sind es 28%.

Aber Kiesel, der im Quarz drinnen mit dem Sauerstoff verbunden Kieselsäure gibt, sind es 48% bis 49%! Denken Sie sich, was das heißt: Die Hälfte von all dem, was uns umgibt und was wir brauchen, fast die Hälfte, ist Kiesel. Natürlich, als alles flüssig war, als die Luft fast flüssig war, ehe sie sich verdickte, ja, da spielte dieser Kiesel eine Riesenrolle. Der bedeutete sehr viel in diesem ursprünglichen Zustand.

Man denkt° über diese Dinge nicht ordentlich nach, weil man da, wo der Mensch heute feiner organisiert ist, nicht mehr die rechte Vorstellung vom Menschen hat.

Heute stellen sich die Menschen grobklotzig vor: Nun ja, wir atmen als Menschen. Da atmen wir Sauerstoff ein, atmen die Kohlensäure aus. Schön, gewiss, wir atmen den Sauerstoff ein, der bildet sich in uns zu Kohlensäure um, wir atmen die Kohlensäure aus. Wir könnten nicht leben, wenn wir nicht diese Atmung hätten.

Aber in der Luft, die wir doch einatmen, ist heute noch

immer Kiesel enthalten, richtiger Kiesel enthalten, und wir atmen ganz kleine Mengen von Kiesel auch ein. Genug ist da vorhanden, denn 48% bis 49% Kiesel ist ja in unserer Umgebung.

Während wir atmen, geht der Sauerstoff allerdings nach unten, nach dem Stoffwechsel, und verbindet sich mit dem Kohlenstoff. Aber er geht zugleich nach aufwärts zu den Sinnen und zum Gehirn, zum Nervensystem – überall geht er hin. Da verbindet er sich mit dem Kiesel und bildet in uns Kieselsäure.

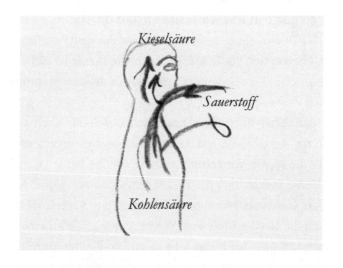

Sodass wir sagen können: Wenn wir da den Menschen haben (s. Zeichnung), hier der Mensch seine Lungen hat und er atmet nun Luft ein, so hat er hier Sauerstoff. Der geht in ihn hinein. Und nach unten verbindet sich der Sauerstoff mit dem Kohlenstoff und bildet Kohlensäure, die man dann wieder ausatmet.

Nach oben aber wird der Kiesel in uns mit dem Sauerstoff verbunden, und es geht da Kieselsäure in unseren Kopf hinauf, die da in unserem Kopf drinnen nicht gleich so dick wie der Quarz wird. Das wäre natürlich eine üble Geschichte, wenn da lauter Quarzkristalle darin entstehen würden, da würden Ihnen statt der Haare gleich Quarzkristalle herauswachsen. Es könnte ja unter Umständen ganz schön drollig sein!

Aber sehen Sie, so ganz ohne ist das nicht, denn die Haare, die einem herauswachsen, haben nämlich sehr viel Kieselsäure in sich. Da ist sie nur noch nicht kristallisiert, da ist sie noch in einem flüssigen Zustand. Die Haare sind sehr kieselsäurehaltig, überhaupt alles, was in den Nerven ist, was in den Sinnen ist, ist kieselsäurehaltig. Das ist so, meine Herren!

Darauf kommt man ja erst, sehen Sie, wenn man die wohltätige Heilwirkung der Kieselsäure kennenlernt. Die Kieselsäure ist ein ungeheuer wohltätiges Heilmittel. Sie müssen doch bedenken: Der Mensch muss die Nahrungsmittel, die er durch den Mund in seinen Magen aufnimmt, durch alle möglichen Zwischendinge führen, bis sie in seinen Kopf hinaufkommen, bis sie zum Beispiel ans Auge, ans Ohr herankommen.

Das ist ein weiter Weg, den da die Nahrungsmittel nehmen müssen. Da brauchen sie Hilfskräfte, dass sie da überhaupt heraufkommen. Es könnte durchaus sein, dass die Menschen diese Hilfskräfte zu wenig haben. Ja, viele Menschen haben zu wenig Hilfskräfte, sodass die Nahrungsmittel nicht gleich in den Kopf herauf arbeiten. Dann, sehen Sie, muss man ihnen Kieselsäure eingeben, die befördert dann die Nahrungsmittel hinauf zu den Sinnen und in den Kopf.

Sobald man bemerkt, dass der Mensch zwar die Magen- und Darmverdauung ordentlich hat, dass aber diese Verdauung nicht bis zu den Sinnen hingeht, nicht bis in den Kopf, nicht bis in die Haut hineingeht, muss man Kieselsäurepräparate als Heilmittel einnehmen. Da sieht man eben, was diese Kieselsäure heute noch für eine ungeheure Rolle im Menschen, im menschlichen Organismus spielt.

Und diese Kieselsäure wurde ja damals, als die Erde in diesem alten Zustand war, noch nicht geatmet, sondern sie wurde aufgenommen, aufgesogen. Namentlich diese vogelartigen Tiere nahmen diese Kieselsäure auf. Neben dem Schwefel nahmen sie diese Kieselsäure auf. Und die Folge davon war, dass diese Tiere eigentlich fast ganz Sinnesorgan wurden.

So wie wir unsere Sinnesorgane der Kieselsäure verdanken, so verdankte damals die Erde ihr vogelartiges Geschlecht überhaupt dem Wirken der Kieselsäure, die überall war. Und weil die Kieselsäure nicht an die anderen Tiere mit den plumpen Gliedmaßen herankam, während sie so hinglitten in der dicklichen Flüssigkeit, weil die Kieselsäure an diese Tiere weniger herankam, wurden sie vorzugsweise Magen- und Verdauungstiere.

Da oben waren also damals furchtbar nervöse Tiere, die alles wahrnehmen konnten, die eine feine, nervöse Empfindung hatten. Diese Urvögel waren ja furchtbar nervös. Dagegen, was nach unten in der dicklichen Flüssigkeit war, das war von einer riesigen Klugheit, aber auch von einem riesigen Phlegmatismus, die spürten gar nichts davon. Das waren bloße Nahrungstiere, das war eigentlich nur ein Bauch mit plumpen Gliedmaßen.

Die Vögel oben waren fein organisiert, waren fast ganz Sinnesorgan, wirkliche Sinnesorgane, die es machten, dass die Erde selbst nicht nur wie belebt war, sondern alles durch diese Sinnesorgane empfand, die da herumflogen, die die damaligen Vorläufer der Vögel waren.

Ich erzähle Ihnen das, damit Sie sehen, wie ganz anders einmal alles auf der Erde ausgesehen hat. Also alles das, was da aufgelöst war, hat sich dann in dem festen mineralischen Gebirge, in den Felsmassen abgeschieden, bildete eine Art von Knochengerüst. Damit war aber auch für den Menschen und für die Tiere erst die Möglichkeit gegeben, feste Knochen zu bilden.

Denn wenn sich draußen das Knochengerüst der Erde

bildete, bildeten sich im Inneren der höheren Tiere und des Menschen die Knochen. Daher war alles dasjenige, was ich Ihnen hier eingezeichnet habe (s. Zeichnung S. 57, c), noch nicht solche festen Knochen, wie wir heute Knochen haben, sondern das alles war biegsam, waren hornartige, knorpelartige Dinge, wie sie heute nur noch beim Fisch zurückgeblieben sind.

Alle diese Dinge sind schon in einer gewissen Weise zurückgeblieben, sind dann aber verkümmert, weil damals in all dem, was ich Ihnen beschrieben habe, die Lebensbedingungen dazu da waren. Heute sind für diese Dinge nicht mehr die Lebensbedingungen da. Sodass wir sagen können:

- in unseren heutigen *Vögeln* haben wir die für die Luft umgewandelten Nachfolger dieses vogelartigen Geschlechts, das da oben in der schwefel- und kieselsäurehaltigen dicklichen Luft war;
- und in all demjenigen, was wir heute in den *Amphibien* haben, in den Kriechtieren, in all dem, was Frösche und Krötengezücht ist, aber auch in all dem, was Chamäleons, Schlangen und so weiter sind, haben wir die Nachkommen desjenigen, was damals in der dicklichen Flüssigkeit schwamm.

Und dasjenige, was höhere Säugetiere und der Mensch in seiner heutigen Gestalt sind, kam ja erst später dazu.

Nun kommt ein scheinbarer Widerspruch heraus, meine Herren.

Das letzte Mal sagte ich Ihnen: Der Mensch war zuerst da. Aber er war seelisch-geistig nur in der Wärme da. Der Mensch war schon auch bei all dem dabei, was ich Ihnen jetzt gezeigt habe, aber er war noch nicht als physisches Wesen da, war in einem ganz feinen Körper da, in dem er sich sowohl in der Luft, wie in der dicklichen Flüssigkeit aufhalten konnte.

Sichtbar war er noch nicht da. Sichtbar waren auch die höheren Säugetiere noch nicht da, sondern sichtbar waren eben diese plumpen Tiere und diese luftigen, vogelartigen Tiere da. Und das muss man eben unterscheiden, wenn man sagt: Der Mensch war schon da.

Er war zuallererst so da, wie nicht einmal die Luft da war, er war in einem unsichtbaren Zustand da und war noch damals, als die Erde so ausgeschaut hat, in einem nicht sichtbaren Zustand da.

Erst musste sich der Mond von der Erde trennen, dann konnte auch der Mensch Mineralisches in sich ablagern, ein mineralisches Knochensystem bilden, konnte in seinen Muskeln solche Stoffe wie das Eiweiß und so weiter ablagern. Die waren damals noch nicht da. Aber er hat eben doch heutzutage in seiner Körperlichkeit durchaus die Erbschaft von diesem Früheren erhalten.

Denn ohne Mondeinfluss, der jetzt nur von außen ist,

entsteht ja der Mensch nicht. Die Fortpflanzung hängt schon mit dem Mond zusammen, nur nicht mehr direkt. Daher können Sie auch sehen, dass das, was beim Menschen mit der Fortpflanzung zusammenhängt, die vierwöchentliche Periode der Frau, in derselben rhythmischen Periode wie die Mondphasen verläuft. Nur fallen sie nicht mehr zusammen, sie haben sich voneinander emanzipiert. Aber das ist geblieben, dass dieser Mondeinfluss durchaus in der menschlichen Fortpflanzung tätig ist.

So können wir sagen: Wir haben die Fortpflanzung zwischen verdickter Luft und verdickter Flüssigkeit gefunden, zwischen dem alten vogelähnlichen Geschlecht und den alten Riesenamphibien. Die befruchteten sich gegenseitig, weil der Mond noch drinnen war. Sofort, als der Mond draußen war, musste die Außenbefruchtung eintreten. Denn im Mond liegt eben das Befruchtungsprinzip.

Nun, von diesen Gesichtspunkten aus wollen wir dann am nächsten Samstag, wo wir die Stunde hoffentlich um 9 Uhr haben können, weiter fortsetzen. Die Frage von Herrn Dollinger ist eben eine ausführliche.

Wir werden aber schon zurechtkommen, wenn wir die Gegenwart aus demjenigen herausspringen sehen, was allmählich eigentlich geschieht. Es liegt in der Frage, die eben schwer verständlich ist. Aber ich glaube, man kann die Sache, wenn man sie so anschaut, wie wir es getan haben, schon verstehen.

Dritter Vortrag

Die Schichten der Erde –
geologisch und geistig betrachtet

Dornach, 7. Juli 1924

Guten Morgen meine Herren!

Nun, Sie haben aus demjenigen, was wir besprochen haben, gesehen, dass eigentlich in unserer Erde ein Zustand vorliegt, der nur der letzte Rest von vielem anderen ist, was wesentlich anders ausgesehen hat.

Und wenn wir heute den früheren Zustand der Erde mit etwas vergleichen wollen, so können wir ihn eigentlich nur, wie Sie gesehen haben, mit demjenigen vergleichen, was wir in einem Eikeim haben.

Wir haben heute in der Erde einen festen Kern aus allerlei Mineralien und Metallen und wir haben ringsherum die Luft.

In der Luft haben wir zwei Stoffe, die uns vor allen Dingen auffallen, weil wir ohne sie nicht leben können: den Sauerstoff und den Stickstoff. Sodass wir also sagen können: Wir haben in unserer Erde einen festen Erdkern mit allen möglichen Stoffen, 70 bis 80 Stoffen, und ringsherum die Lufthülle, drinnen vorzugsweise Stickstoff und Sauerstoff (s. Zeichnung).

Aber das heißt ja nur, dass Stickstoff und Sauerstoff vorzugsweise drinnen sind. Immer sind in der Luft auch andere Stoffe enthalten, eben in sehr geringer Menge, unter anderem Kohlenstoff, Wasserstoff, Schwefel. Aber das sind ja auch die Stoffe, die zum Beispiel in dem Weißen im Ei, im Hühnerei enthalten sind: Sauerstoff, Stickstoff, Wasserstoff, Kohlenstoff und Schwefel. Die sind auch im Weißen im Hühnerei enthalten.

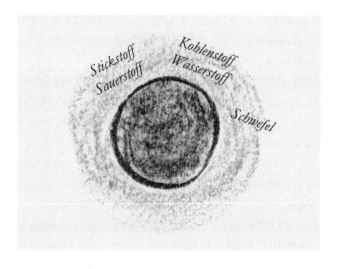

Der Unterschied ist bloß der, dass in dem Weißen eines Hühnereis, ich möchte sagen, der Schwefel, der Wasserstoff, der Kohlenstoff sich mehr an den Sauerstoff und

Stickstoff anschmiegen, während sie in der äußeren Luft viel loser vorhanden sind. Also eigentlich ist doch in Bezug auf die Stoffe in der Luft all dasjenige vorhanden, was in dem Hühnerei drinnen enthalten ist. In ganz geringer Menge sind dieselben Stoffe auch im Eidotter drinnen vorhanden. Sodass wir also sagen können, dass es, wenn es sich verhärtet, verdichtet, zu dem wird, was die Erde ist.

Sie sehen also, man muss auf solche Dinge hinschauen, wenn man wissen will, wie es in der Welt einmal ausgesehen hat. Heute macht man aber die Sache auf eine ganz andere Art.

Und damit Sie nicht durch dasjenige beirrt werden, was eben in der Beurteilung desjenigen, was ich Ihnen hier vorbringe, allgemein anerkannt ist, möchte ich Ihnen noch einiges von dem sagen, was allgemein anerkannt ist und was dennoch durchaus mit demjenigen zusammengeht, was ich sage. Man muss es nur richtig betrachten.

Heute denkt man ja nicht so, wie hier in den zwei letzten Stunden gedacht worden ist, sondern heute denkt man so, dass man sagt: Da habe ich die Erde, die Erde ist einmal mineralisch. Diese mineralische Erde, die ist bequem zu untersuchen. Zunächst einmal untersuchen wir dasjenige, was obenauf ist, was wir mit unseren Füßen betreten.

Dann sehen wir da, wenn wir Steinbrüche machen, wenn wir die Erde aufschließen, um beim Eisenbahnbau Einschnitte zu machen, wie gewisse Schichten in der Erde vorhanden sind. Da ist die oberste Schicht, auf die wir treten. Kommen wir irgendwo in die Tiefe hinein, dann finden wir tieferliegende Schichten (s. Zeichnung).

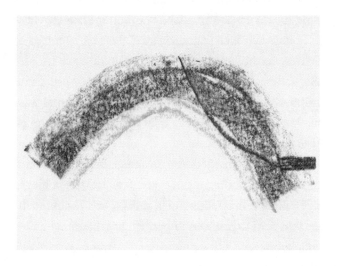

Aber diese Schichten liegen nicht so übereinander, dass man sagen kann: Das alles ist so hübsch übereinander aufgetürmt, immer ist die eine über der anderen, sondern die Sache ist so: In der Erde, wenn Sie sich die Sache einmal ansehen, da haben Sie die eine Schicht. Die ist nicht eben, nicht eine ebene Schicht, die ist gebogen. Eine andere Schicht darunter, die ist auch gebogen. Und jetzt kommt darüber diejenige Schicht, welche wir mit den Füßen betreten.

Solange wir, sagen wir, auf dieser Seite eines Berges

Fußgänger bleiben, so lange sehen wir da oben diejenige Schicht, die auch, wenn es gut geht, Ackererde werden kann, wenn wir die entsprechenden Düngungsmethoden und so weiter finden. Wenn wir aber eine Eisenbahn bauen, dann kann es sein, dass wir so heraufgehen müssen (s. Zeichnung, Strich), dass wir also gewisse Schichten abbauen müssen. Und dann kommen wir dadurch, dass wir einen solchen Einschnitt machen, in die Tiefen der Erde hinein.

Und auf eine solche Weise hat man gefunden, dass eben Schichten übereinander sind – nicht nur ebene, sondern auch in der verschiedensten Weise durcheinandergeworfene Schichten der Erde.

Aber diese Schichten sind manchmal sehr merkwürdig. Man hat sich gefragt: Wie kann man das Alter der Schichten bestimmen? Welche Schicht ist älter? Nun ja, das Nächstliegende ist ja das, dass einer sagt: Wenn die Schichten übereinander sind, so ist die unterste die älteste, die darauffolgende die jüngere, und die ganz oben liegende ist die allerjüngste.

Aber sehen Sie, so ist die Geschichte nicht überall. Manchmal ist es so, aber nicht überall ist es so. Und dass es nicht überall so ist, das kann man auf folgende Weise feststellen.

Wir sind ja in unseren kultivierten Gegenden gewöhnt, unsere Haustiere, wenn sie absterben, zu verscharren, damit sie für die Menschen nicht schädlich werden. Wäre aber das Menschengeschlecht noch nicht entwickelt, was würde mit den Tieren, die dann schon da wären, geschehen? Die Tiere würden an irgendeiner Stelle verscheiden, würden da liegen bleiben. Nun liegt das Tier zunächst da oben (s. Zeichnung, S. 85).

Aber Sie wissen ja: Wenn es regnet, wird die Erde aufgespült, und nach einiger Zeit könnte man sehen, wenn da ein Tier verschieden war, dass das Tier, indem es anfängt zu verwesen, in seinen Überresten da übrig bleibt und sich mit der vom Regen heruntergegangenen Erde vermischt. Da wird es bleiben, da draußen, nur immer weiter verhärtet, und nach einiger Zeit ist das ganze Tier mit der Erde vom Regen oder vom Regenwasser durchzogen, das über einen Abhang herunterfließt. Dann geht über das Tier die andere Erde darüber.

Nun kann einer kommen und sagen: «Donnerwetter, die Erde schaut ja da so geringelt aus, da muss ich mal nachgraben!» Er braucht nicht viel nachzugraben, er gräbt etwas nach und findet darin – wenn die Menschen noch nicht da gewesen wären und eben hinterher der gekommen wäre, der nachgegraben hat –, da findet er dasjenige, was vom Knochengerüst, sagen wir, von einem wilden Pferd übrig ist.

Da kann er sich sagen: Ja, jetzt gehe ich über eine Erdschicht, die erst später geworden ist. Aber drunter ist eine, die ist zu einer Zeit gebildet worden, wo schon solche wilden Pferde da waren. Und man kann erkennen, dass das die nächste Schicht ist, dass also der Zeit, in welcher der Mensch lebt, der erst zum Menschengeschlecht gekommen ist, eine vorangegangen ist, wo diese Pferde gelebt haben.

Sehen Sie, so wie es der Mensch hier macht, haben es nun die Geologen mit allen Schichten der Erde gemacht – einfach seit der Zeit, da sie in Steinbrüchen, in Eisenbahnaufschließungen, Abgrabungen und so weiter zu erreichen sind. Man lernt ja in der Geologie, dass man mit einem Hammer oder auch mit einem anderen Instrument überall Steinbrüche aufsucht, um eben dasjenige aufzuzeigen, was im Gebirge durch Abrutschungen bloßgelegt ist oder dergleichen.

Da hämmert man überall ein, sägt unter Umständen auch das eine oder andere aus, und da findet man in irgendeiner Schicht sogenannte Versteinerungen. Da kann man sagen: Unter unserem Erdboden sind die Schichten enthalten, die ganz andere Tiere als die heutigen enthalten haben. Und man kommt dann darauf, wenn man in dieser Weise die Schichten der Erde abgräbt, wie die Gestalt der Tiere ist, die in anderen Zeiten vorhanden waren.

Das ist gar nicht etwas so Besonderes, denn sehen Sie, in welcher Zeit so etwas geschieht, das unterschätzen die Leute eigentlich. Sie finden heute in südlicheren Gegenden

Kirchen oder andere Gebäude, die stehen da. Sie kommen durch irgendetwas darauf: «Donnerwetter, da unter dieser Kirche, da ist ja etwas, was hart ist, was nicht Erde ist.» Sie graben hinein und finden, dass da drunter ein heidnischer Tempel ist. Ja, was ist denn da geschehen?

Vor verhältnismäßig kurzer Zeit, da war diese Oberschicht überhaupt nicht da, auf der diese Kirche oder dieses Gebäude steht, sondern das ist erst angetragen, vielleicht von Menschen angeschleppt worden, aber vielleicht auch durch Mithelfen der Naturkräfte. Und darunter ist der heidnische Tempel. Das war oben, was jetzt unten ist. So ist es.

Aber in der Erde ist eben Schicht auf Schicht aufgeschichtet worden. Und man muss herausfinden, nicht aus der Art, wie diese Schichten liegen, sondern aus der Art und Weise dieser Versteinerungen, wie diese Tiere liegen – und dazu kommen auch die verschiedenen Pflanzen –, wie diese in die Schichten hereingekommen sind.

Da stellt sich aber Folgendes heraus. Sehen Sie, da kann Folgendes passieren: Sie finden eine Erdschicht, Sie finden eine andere Erdschicht. Sie sind durch irgendetwas in der Lage, hier hineinzugraben. Wenn Sie jetzt bloß auf die Schichtungen schauen, dann kommt es Ihnen doch vor, wie wenn das, was ich da (s. Zeichnung) grün gezeichnet habe, die untere Schicht wäre, und dasjenige, was ich gelb gezeichnet habe, die obere Schicht.

Hierher können Sie einfach nicht, da können Sie nicht eingraben, da ist keine Eisenbahn, kein Tunnel noch irgendetwas anderes, wodurch man hinkommen kann. Da merken Sie: Das Gelbe ist die Oberschicht, das Grüne ist die untere Schicht.

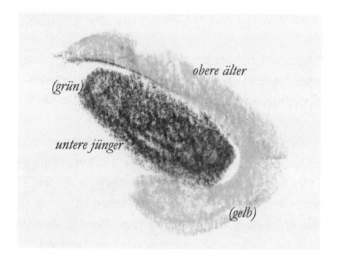

Aber Sie dürfen es sich nicht gleich sagen, sondern Sie müssen erst Versteinerungen suchen. Nun findet man sehr häufig in dem, was da oben liegt, Versteinerungen, die älter sein müssen, zum Beispiel Versteinerungen mit Fischen oder mit Fischskeletten, die älter sind. Und unten findet man, sagen wir, merkwürdigerweise diese tierischen Skelette, die jünger sind.

Jetzt widersprechen die Versteinerungen der Lage: Oben erscheint das Ältere, unten erscheint das Jüngere. Jetzt muss man sich eine Vorstellung machen, woher das kommt. Ja, sehen Sie, das kommt daher, dass durch irgendein Erdbeben oder eine innere Erschütterung dasjenige, was hier unten war, sich über das Obere herumgeschmissen hat.

Sodass also dieses entstanden ist, dass wenn ich hier einen Stuhl über den Tisch legen würde, wenn das die ursprüngliche Lage wäre – hier die Stuhllehne und hier die Tischplatte –, so würde es geschehen, dass durch einen Erdstoß, der hier erfolgt ist, die Tischplatte sich über die Stuhllehne drüberstülpt.

Sehen Sie, das kann man an dem Verschiedensten wahrnehmen: Es hat sich das umgestülpt. Und man kann, wie Sie gleich daraus sehen, auch Folgendes wissen. Man kann sagen, wann diese Umstülpung geschehen ist.

Es muss so sein, dass diese Umstülpung, diese Umschichtung, später geschehen ist, als diese Tiere gelebt haben. Denn diese Umstülpung ist ja erst geschehen, nachdem diese Versteinerungen sich gebildet haben, sonst müssten diese anders drinnen liegen.

Auf diese Weise kommt man darauf, die Erdschichten nicht so zu beurteilen, wie sie einfach übereinanderliegen, sondern so beurteilen zu können, wie sie sich auch umgeschichtet haben.

Und sehen Sie, die Alpen, dieser mächtige Gebirgszug, der sich vom Mittelländischen Meer bis in die österreichische Donaugegend hinüberzieht – diesen mächtigen Alpenzug, der das Hauptgebirge der Schweiz ist, den kann man überhaupt nicht verstehen, wenn man nicht auf solche Dinge eingehen kann.

Denn in diesen Alpen ist alles, was sich schichtweise aufgebaut hat, später einmal durcheinandergeschmissen worden. Da liegt oft das Unterste zuoberst und das Oberste zuunterst. Man muss erst suchen, wie da die Dinge durcheinandergeschmissen worden sind.

Nun, erst wenn man das berücksichtigt, kommt man darauf, welches die ältesten und welches die jüngsten Schichten sind. Und da sagt natürlich die heutige, nur aufs Äußerliche dieser Forschung bauende Wissenschaft: Diejenigen Schichten sind die ältesten, in denen die allereinfachsten Überreste von Tieren und Pflanzen gefunden werden können. Später werden die Tiere und Pflanzen kompliziert, also finden wir die kompliziertesten der Tiere und Pflanzen in den jüngsten Schichten.

Wenn man an ältere Schichten herankommt, so findet man Versteinerungen, die daher rühren, dass sich dasjenige, was die Tiere an Kalk- oder Kieseleinschlüssen gehabt haben, erhalten hat. Das andere hat sich aufgelöst. Wenn man an jüngere Schichten kommt, hat sich das Skelett erhalten.

Nur bilden sich merkwürdigerweise auch auf andere Art

Versteinerungen. Diese anderen Versteinerungen sind unter Umständen sehr interessant.

Sehen Sie, sie bilden sich auch so, diese Versteinerungen: Denken Sie sich, irgendein einfaches älteres Tier sei einmal vorhanden gewesen, ein Tier, das so einen Leib hat – meinetwillen vorne Fangarme. Ich zeichne es so groß, es wird in den Schichten, die aus der Geologie bekannt sind, in der Regel kleiner sein (s. Zeichnung).

Nun, dieses Tier verendet, indem es auf diesem Erdreich aufliegt. Das Erdreich ist so, dass es nicht recht in das Tier hineinkann. Aber dieses Erdreich, das gibt sozusagen irgendeine Säure ab, die dann das Tier auflöst. Dann entsteht etwas sehr Merkwürdiges, dann geht die Erde, in der dieses Tier drinnen liegt, überall an das Tier heran und umhüllt das Tier. Und es bildet sich ein Hohlraum von der Form des Tieres.

Das ist sehr häufig entstanden, dass sich solche Hohlräume bilden. Um das Tier herum lagert sich die Erde. Aber es ist nichts drinnen, es ist durchaus nicht das Tier drinnen. Ringsherum in dem Erdreich, in dem das Tier zufällig war, bildet sich ein Hohlraum.

Nun, später wird auch die Schale aufgelöst und noch später windet sich irgendein Bach da durch (s. Zeichnung, S. 90). Der füllt dann mit einer Gesteinsmasse das, was ein Hohlraum ist, aus, und da drinnen wird mit einer ganz anderen Materie, mit einem ganz anderen Stoff ein Abdruck des Tieres fein modelliert. Solche Abdrücke sind ganz besonders interessant, denn da haben wir nicht die Tiere selbst, sondern Abgüsse der Tiere.

Nun sehen Sie, Sie dürfen sich aber die Dinge auch nicht so ganz leicht vorstellen. Von dem heutigen Menschen zum Beispiel mit seiner feinen, weichen Stofforganisation bleibt außerordentlich wenig vorhanden, und von höheren Tieren ist auch verhältnismäßig wenig vorhanden geblieben. So zum Beispiel gibt es Tiere, von denen nur Abgüsse der Zähne vorhanden geblieben sind, eine Art von urweltlichen Haifischzähne-Abgüssen, die sich auf diese Weise gebildet haben, findet man (s. Zeichnung).

Jetzt muss man schon die Fähigkeit haben, sich zu sagen: Jede Tierform und auch der Mensch hat eine andere Zahnform, und die Zahnform richtet sich immer nach der ganzen Gestalt, dem ganzen Wesen. Jetzt muss man das Talent haben, aus den Zähnen, die man da findet, sich vorstellen zu können, wie das ganze Tier gewesen sein kann. Also so ganz leicht ist die Sache doch nicht.

Aber man kommt, indem man diese Schichten da studiert, auch darauf, wie eigentlich sich die ganze Sache ent-

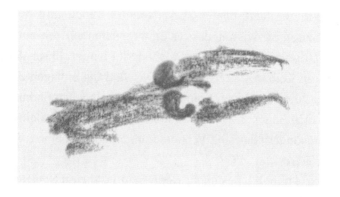

wickelte. Und daraus geht einfach hervor, dass es Zeiten gegeben hat, in denen solche Tiere, wie sie heute da sind, nicht da waren, sondern in denen Tiere da gewesen sind, die viel, viel einfacher waren, die so ausgeschaut haben wie unsere ganz niederen Tiere, das Schnecken-, das Muschelgetier und so weiter. Aber Sie müssen wissen, wie viel von diesen Tieren übrig geblieben ist.

Denken Sie nur einmal, es könnte Folgendes eintreten.

Nehmen Sie einmal an, ein kleiner Junge, der Krebse nicht mag, stibitzt sich einen Krebs von der Mahlzeit der Eltern und spielt mit ihm. Er wird nicht erwischt und gräbt ihn in den Garten ein. Nun hat der im Garten den Krebs eingegraben. Über die ganze Sache kommt Erde drüber, es wird vergessen. Der Garten hat später ganz andere Besitzer.

Man gräbt um, wird aufmerksam an einer Stelle: Da liegen komischerweise solche zwei kleinen Dinger, die so wie kleine Kalkschalen ausschauen (s. Zeichnung, vorige Seite). Sie wissen, dass es die sogenannten Krebsaugen gibt, die ja nicht Augen sind, sondern kleine Kalkschalen, die im Leib des Krebses sind. Das sind die einzigen Zeichen, die von seinen Spuren geblieben sind. Jetzt können Sie nicht sagen: Das sind Versteinerungen von irgendeinem Tier, sondern das sind Versteinerungen nur von einem Teil des Tieres.

So ähnlich ist es auch, wenn man in älteren Schichten irgendwelche Versteinerungen findet, irgendwelche Gebilde, meinetwillen so aussehend, schalig aussehend, namentlich in den Alpen. Die sehen so ähnlich aus (s. Zeichnung, nächste Seite). Die gibt es heute nicht mehr, die findet man in älteren Schichten. Aber man darf nicht annehmen, dass dies die ganzen Tiere gewesen sind, sondern man muss eben annehmen: Da war eben etwas herum, das hat sich aufgelöst, und nur ein kleines Stück von dem Tier ist geblieben.

Darauf geht die heutige Wissenschaft schon wenig ein.

Warum? Ja, weil sie eben nur so sagt: Dieses mächtige Alpenmassiv, das zeigt ja, dass es durcheinandergeschmis-

sen worden ist, das Unterste zuoberst, das Oberste zuunterst. Das zeigen die Schichten.

Aber können Sie sich vorstellen, dass mit den Kräften, die heute auf der Erde vorhanden sind, solch ein Alpenmassiv in der Weise durcheinandergeschmissen werden kann? Das bisschen, was da auf der Erde geschieht, geschieht ja so, dass die Erde vergleichsweise durchtanzt wird, dass die Erde von einem Fleck ein bisschen auf einen anderen geworfen wird. Das ist heute alles, dieses Durchtanztwerden.

Würde der Mensch statt 72 720 Jahre alt, dann würde er erleben, wie er in seinem Greisenalter schon über einen ein wenig höheren Boden geht als vorher. Aber wir leben ja zu kurz.

Denken Sie, wenn eine Eintagsfliege, die nur vom Morgen bis zum Abend lebt, erzählen würde, was sie erlebt, die würde uns ja erzählen, da sie nur im Sommer lebt: «Es gibt überhaupt nur Blüten, die ganze Zeit nur Blüten.» Die würde ja gar keine Ahnung davon haben, was im Winter geschieht. Sie würde glauben, der nächste Sommer schlösse sich an den vorigen an.

Wir Menschen sind zwar ein bissel länger dauernde Eintagsfliegen, aber etwas von Eintagsfliegen haben wir doch schon an uns mit unseren 70 bis 72 Jahren! Und es ist schon so, dass wir wenig sehen von dem, was vorgeht.

Und so muss man sagen: Mit den bissel Kräften, die heute da vor sich gehen, geschieht zwar mehr, als der Mensch für gewöhnlich sieht, aber es geschieht doch verhältnismäßig nur das, dass der Boden ein bisschen aufgeschwemmt wird, dass Flüsse gegen das Meer hinfließen, Flusssand zurücklassen, dass dann an den Ufern der Flusssand weitergeht, dass die Felder eine neue Schicht bekommen. Das ist verhältnismäßig wenig.

Hält man sich vor Augen, wie so etwas wie dieses Alpenmassiv durchgerüttelt und durchgeschüttelt worden ist, dann muss man sich klar sein, dass die Kräfte, die heute wirksam sind, früher in einer ganz anderen Weise wirksam waren.

Nun aber müssen wir uns da Bilder machen, die wir nur verhältnismäßig gewinnen können, Bilder müssen wir uns machen, wie so etwas vor sich gehen kann. Ja, nehmen

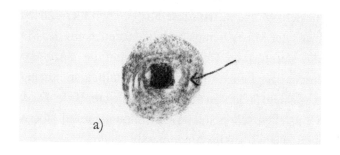
a)

Sie nur einmal irgendeinen Eikeim, einen Eikeim von irgendeinem Säugetier.

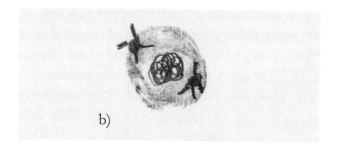
b)

Der schaut anfangs verhältnismäßig so aus: ringsherum Eiweißmasse, drinnen ein Kern (s. Zeichnung, a). Aber nehmen Sie an: Dieser Eikeim, der wird befruchtet. Wenn er befruchtet wird, da macht der Kern nun allerlei Sperenzchen. Er bildet sich sehr merkwürdig zu einer Summe von solchen Spiralen aus, die wie ein Schwanz heraufgehen (s. Zeichnung, b). So bildet sich der Kern aus.

In dem Moment, wo diese Knäuelchen hier entstehen, sich aus der Masse heraus bilden, entstehen aus der Masse heraus sternförmige Gebilde. Da kommt die ganze Masse, dadurch, dass Leben in ihr ist, in Gestaltungen hinein. Da geht es schon anders zu als heute auf unserer Erde! Da drinnen entstehen schon solche Umstülpungen und Überwerfungen, wie wir sie im Alpenmassiv sehen.

Was ist natürlicher, als dass wir sagen: Also war die Erde einmal lebendig! Sonst hätten diese Umstülpungen und Überwerfungen gar nicht entstehen können. Die heutige Gestalt der Erde zeigt uns eben, dass sie in der Zeit, in der noch nicht Menschen, in der noch nicht höhere Tiere gelebt haben, selbst lebendig war. Sodass wir auch aus dieser Erscheinung heraus sagen müssen: Aus der lebendigen Erde ist die heutige tote Erde erst hervorgegangen.

Aber nur in dieser toten Erde können die heutigen Tiere leben. Denn denken Sie einmal, es hätte sich nicht der Sauerstoff und der Stickstoff in der Luft für sich abgesondert und hätte sozusagen den Wasserstoff, den Kohlenstoff, den Schwefel zu einer verhältnismäßigen Tatenlosigkeit verdammt, so müssten wir in so etwas atmen, was dem Eiweiß im Hühnerei ähnlich wäre, denn so war es ringsherum um die Erde.

Nun könnte man sich zum Beispiel denken – denn in der Welt kann ja alles entstehen –, dass sich statt unserer Lunge auch Organe gebildet hätten, durch die man solch ein atmosphärisches Eiweiß einsaugen könnte. Wir können es ja heute durch den Mund verzehren: Warum sollte nicht etwas mehr gegen den Mund hinüber eine Art Lungenorgan entstanden sein? Auf der Welt kann alles entstehen. Es entsteht auch das, was da noch möglich ist.

Also am Menschen liegt es, zunächst so wie er heute körperlich ist, eigentlich nicht. Aber bedenken Sie doch nur, meine Herren: Wir gucken, wenn wir heute in die Luft gucken, in die tote, abgestorbene Luft hinein. Die ist abgestorben. Früher war das Eiweiß lebendig, die Luft ist abgestorben. Gerade dadurch, dass der Schwefel, der Wasserstoff, der Kohlenstoff weg ist, ist der Stickstoff und Sauerstoff abgestorben. Wir gucken hinein in die lichterfüllte Luft, die abgestorben ist.

Dadurch können auch unsere Augen physikalisch sein, sind auch physikalisch. Wäre in unserer Umgebung alles lebendig, so müssten auch unsere Augen lebendig sein. Wenn sie lebendig wären, unsere Augen, so könnten wir nichts mit ihnen sehen, wir wären fortwährend in einer Ohnmacht – geradeso, wie wir in Ohnmacht kommen, wenn es in unserem Kopf zu stark zu leben anfängt, wenn wir in unserem Kopf, statt dass wir die regelmäßig ausgebildeten Organe haben, allerlei Gewächse haben, durch die wir ab und zu ohnmächtig werden. Und später wird es so stark, dass wir eben wie tot daliegen.

So wie wir ursprünglich waren, hätten wir also in dieser ursprünglichen Erde doch nicht leben können. Das Menschenwesen konnte zum Bewusstsein erst erwachen, als die Erde allmählich abgestorben ist. Sodass wir uns als Menschenwesen eben auf der abgestorbenen Erde entwickeln.

So ist es, meine Herren! So ist es ja nicht nur mit der Natur, sondern auch mit der Kultur. Wenn Sie noch einmal auf das hinschauen, was ich gesagt habe, dass da unten heidnische Tempel sein können, oben christliche Kirchen, so verhalten sich diese christlichen Kirchen zu den heidnischen Tempeln geradeso wie die oberen zu den unteren Schichten.

Nur haben wir es in dem einen Fall mit der Natur, im anderen Fall mit der Kultur zu tun. Aber man kann auch nicht verstehen, wie das Christliche sich entwickelte, wenn man es nicht betrachtet, wie es sich auf der Grundlage des Heidentums entwickelte. So ist es schon mit der Kultur, auch da muss man die «Schichten» beachten.

Nun sagte ich Ihnen aber: Der Mensch, der war eigentlich immer da, nur nicht als solch physisches Wesen, sondern mehr als geistiges Wesen. Und das wiederum führt uns dazu, den eigentlichen Grund einzusehen, warum der Mensch sich nicht schon früher als physisches Wesen entwickelte.

Sehen Sie, ich habe Ihnen gesagt: Da sind heute in der Luft Stickstoff, Sauerstoff, Kohlenstoff – weniger Wasserstoff und Schwefel. Heute bringen wir selbst in uns den Kohlenstoff, den wir in uns haben, bei der Atmung mit dem Sauerstoff zusammen, den wir einatmen. Wir verbinden den Kohlenstoff mit dem Sauerstoff, stoßen Kohlenstoff verbunden mit Sauerstoff, was man Kohlensäure nennt, wieder aus. Wir Menschen leben also so, dass wir immer Sauerstoff durch die Atmung einsaugen und Kohlensäure ausstoßen. Darin besteht unser Leben.

Wir hätten nun längst, längst hätten wir als Menschen die Erde, die Erdenluft ganz angefüllt mit Kohlensäure, wenn nicht etwas anderes wäre. Das sind die Pflanzen: Die haben einen ebensolchen Hunger, wie wir ihn nach dem Sauerstoff haben, nach dem Kohlenstoff. Die nehmen wiederum gierig die Kohlensäure auf, behalten den Kohlenstoff zurück und geben Sauerstoff wieder her.

Sie sehen, wie wunderbar sich eigentlich das ergänzt. Es ergänzt sich ganz famos, meine Herren! Wir Menschen brauchen aus der Luft den Sauerstoff, den atmen wir ein. Wir geben ihm den Kohlenstoff mit, den wir in uns haben, atmen Kohlenstoff und Sauerstoff zusammen als Kohlensäure aus. Die Pflanzen atmen sie ein und atmen den Sauerstoff wieder aus. Und so ist immer wiederum in der Luft Sauerstoff da.

Ja, das ist heute so, aber in der Entwicklung der Menschheit auf der Erde war es nicht immer so. Gerade wenn wir die alten Wesen finden, die da gelebt haben, die wir sogar noch in Versteinerungsschichten drinnen finden können, dann sagen wir uns: Ja, die können nicht so gewesen sein, wie unsere heutigen Tiere und Pflanzen sind, namentlich nicht so, wie die Pflanzen heute sind, sondern alle diese Wesen, die ursprünglich als Pflanzen da waren, die müssen viel ähnlicher unseren Schwämmen, den Pilzen und den Algen gewesen sein.

Nun besteht aber ein Unterschied zwischen den Pilzen und unseren heutigen Pflanzen. Der Unterschied besteht darin: Unsere heutigen Pflanzen nehmen den Kohlenstoff auf, bilden sich daraus ihren Leib. Sie waren schon lange so wie heute. Wenn dann solche Pflanzen in der Erde versinken, dann bleibt der Leib als Kohle drinnen. Was wir heute als Kohlen ausgraben, sind Pflanzenleiber.

Meine Herren, alles das, was wir in Bezug darauf, was für Pflanzen ursprünglich gelebt haben, untersuchen können, zeigt uns: Die heutigen Pflanzen, auch diejenigen Pflanzen, die uns einmal unsere Kohlen geliefert haben, die wir heute aus der Erde ausgraben, die bauen sich aus Kohlenstoff auf. Aber viel frühere Pflanzen haben sich nicht aus Kohlenstoff aufgebaut, sondern aus Stickstoff.

Geradeso wie sich unsere heutigen Pflanzen aus Kohlenstoff aufbauen, so haben sich diese Pflanzen aus Stickstoff aufgebaut. Wodurch ist denn das möglich gewesen?

Sehen Sie, das ist dadurch möglich gewesen, dass geradeso, wie heute von Tieren und Menschen die Kohlensäure ausgeatmet wird, in alten Zeiten eine Verbindung von Kohlenstoff und Stickstoff ausgeatmet wurde. Heute atmen wir eine Verbindung von Kohlenstoff und Sauerstoff aus, früher wurde eine Verbindung von Kohlenstoff und Stickstoff ausgeatmet.

Aber, meine Herren, das ist die Blausäure, die für alles, was heute lebt, so furchtbar giftige Blausäure, die Zyansäure!

Diese giftige Blausäure, die wurde einmal ausgeatmet und die verhinderte, dass so etwas, wie es heute lebt, entstehen konnte. Diese Blausäure ist eben eine Verbindung von Stickstoff und Kohlenstoff. Da wird noch nicht von diesen pilzartigen Pflanzen der Kohlenstoff angenommen, sondern da wird der Stickstoff angenommen. Diese alten Pflanzen, die bauten sich aus dem Stickstoff auf.

Und die Wesenheiten, von denen ich Ihnen gesprochen habe, diese vogelartigen Gebilde, diese plumpen Tiere, von denen ich Ihnen das letzte Mal gesprochen habe, die atmeten diese giftige Säure aus. Und die Pflanzen, die um sie herum waren, nahmen den Stickstoff und bildeten sich daraus ihren Leib, ihren Pflanzenleib. Sodass wir auch da sehen können, dass die Stoffe, die heute noch da sind, in alten Zeiten eben in ganz andersartiger Weise verwendet worden sind.

Und das ist es eben, wovon ich Ihnen aus der Geisteswissenschaft° heraus einmal gesprochen habe: Ich habe es den Herren, die schon länger da sind, einmal erzählt: 1906 hatte ich in Paris Vorträge über Erdentwicklung, Menschenentstehung und so weiter zu halten. Und da musste ich aus dem ganzen Zusammenhang heraus sagen: Wenn man heute noch irgendetwas finden soll, was uns darauf hinweist, dass einmal auf der Erde der Kohlenstoff und der Sauerstoff nicht die Rolle gespielt haben, die sie heute spielen, sondern dass da der Stickstoff eine solche Rolle gespielt hat, dass gewissermaßen eine Atmosphäre von Blausäure da war, von Zyansäure, so findet man es in den Kometen.

Nun wissen Sie ja das Folgende: Es gibt alte Leute und jüngste, kleine Kinder. Ja, wenn hier einer mit 70 Jahren steht und neben ihm ein Kind von zwei Jahren – das ist ein Mensch und das ist ein Mensch, der eine wie der andere. Sie stehen eben nebeneinander, und derjenige, der jetzt 70 Jahre alt ist, war eben vor 68 Jahren zwei Jahre alt, wie das kleine Kind. Die Dinge, die verschiedenaltrig sind, stehen doch im Leben nebeneinander.

Aber so wie es im Menschenleben ist, ist es eben auch in der Welt. Auch da stehen gewissermaßen ältere und jüngere Dinge nebeneinander. In unserer Erde mit dem, was ich Ihnen beschrieben habe, haben Sie es heute noch. Sie ist ein richtiges Greisenhaftes, sogar schon fast Erstorbenes. Wenn man nicht das Leben, das wieder neu aufgesprossen ist, nimmt, kann man sie sogar fast erstorben heißen.

Aber daneben sind im Weltall wieder jüngere Gebilde, die erst so werden, wie unser heutiges Leben ist. Und als solche muss man zum Beispiel die Kometen anschauen. Daher kann man wissen, dass die Kometen, weil sie eben jünger sind, auch noch diejenigen Zustände haben müssen, die ihrem Jüngersein entsprechen. So wie das Kind dem Greis gegenüber, so stehen die Kometen der Erde gegenüber.

Hat die Erde einmal Blausäure gehabt, so müssen die Kometen jetzt noch Blausäure haben, Zyansäure müssten sie haben. Sodass wenn man mit einem heutigen Körper in den Kometen hineinkommen würde, man sogleich sterben müsste. Das ist allerdings verdünnte Blausäure, die da drinnen ist.

Nun sehen Sie, das habe ich 1906 in Paris gesagt, dass dies aus der Geisteswissenschaft folgt. Nun ja, zunächst haben diejenigen das aufgenommen, die Geisteswissenschaft anerkennen. Man kann sich sogar über so etwas verwundern. Später dann, längere Zeit darauf, ist wieder ein Komet erschienen. Da hatte man schon die Instrumente, die nötig sind, und da fand man auch durch die gewöhnliche Naturforschung, dass die Kometen wirklich Zyan haben, Blausäure – was ich damals 1906 in Paris gesagt hatte.

So werden die Dinge eben bestätigt. Natürlich sagen dann die Leute, weil sie nur dieses hören: «Der Steiner hat in Paris gesagt, die Kometen haben Blausäure, nachher ist es gefunden worden. Das ist ein Zufall.» Die Leute sagen, weil sie nichts anderes wissen: Das ist ein Zufall. Aber ich habe Ihnen jetzt gesagt, warum man in den Kometen Blausäure annehmen muss.

Da sehen Sie: Es ist kein Zufall, es ist eine wirkliche Wissenschaft, durch die man darauf gekommen ist. Nur eben, mit der sinnlichen Forschung wird das erst später bestätigt. Und so könnten die Leute schon einsehen, dass etwas an der Geisteswissenschaft° ist: Später wird alles bestätigt. Häufig wird es heute sogar schon außerhalb der geisteswissenschaftlichen° Bewegung auf eine eben etwas andere Art gefunden werden, als es von der Geisteswissenschaft°, aber schon vor vielen Jahren, gegeben worden ist.

Ja, es kommen sogar noch andere Sachen vor. Das ist etwas, was heute ganz wissenschaftlich gerechtfertigt untersucht werden könnte. Ich muss immer sagen: Wenn die Menschen wirklich zu einem Stern hinausfahren könnten, da würden sie sehr erstaunt sein, dass der anders ausschaut, als sie sich ihn aus der heutigen Erdbeschreibung vorstellen.

Da stellt man sich vor: Da ist so ein glühendes Gas drinnen. Aber das findet man gar nicht da draußen, sondern wo der Stern ist, da ist es eigentlich leer, leerer Raum, der einen aber gleich aufsaugt. Saugkräfte sind da! Es saugt einen gleich auf, zersplittert einen. Wenn man nun mit derselben Forschungsweisheit vorgeht und eine solch unbefangene

Denkweise hat, wie wir es hier haben, so kann man auch darauf kommen, mit komplizierten Spektroskopen zu sehen: Da sind nicht Gase, sondern da ist der saugende Raum.

Und ich habe schon längere Zeit gewissen unserer Leute die Aufgabe gegeben, mit dem Spektroskop einmal die Sonne und die Sterne zu untersuchen, um einfach mit äußeren Erfahrungen nachzuweisen, dass die Sterne Hohlräume sind, nicht glühende Gase. Das kann man nachweisen.

Aber diejenigen Leute, denen ich diese Aufgabe gegeben habe, waren anfangs furchtbar begeistert: «Oh, da wird etwas gemacht!» Aber manchmal erlischt diese Begeisterung. Sie haben zu lange gewartet, und schon vor anderthalb Jahren kam von Amerika herüber die Nachricht, dass man auf dem Weg ist, die Sterne zu untersuchen und nach und nach findet, dass die Sterne gar nicht glühende Gase sind, sondern ausgesparte Hohlräume. Es schadet ja auch nichts, wenn das so geschieht. Natürlich, äußerlich wäre es uns nützlicher, wenn wir es machten. Aber es kommt ja nicht darauf an, wenn nur die Wahrheit herauskommt.

Auf der anderen Seite aber konnte gerade durch solche Sachen gesehen werden, wie Geisteswissenschaft° eigentlich mit der gewöhnlichen Wissenschaft zusammenarbeiten will. Und so möchte sie auch durchaus mit der gewöhnlichen Wissenschaft zusammenarbeiten, zum Beispiel in Bezug auf die Erdschichten. Man nimmt da durchaus an, was die gewöhnliche Wissenschaft über das Durcheinanderschmeißen und Durcheinanderwürfeln in den Alpen zu sagen hat.

Nur kann man nicht mitgehen, wenn man annimmt, das wird so herumgeschmissen mit den Kräften, die heute noch da sind, sondern da waren eben Lebenskräfte da, die nur dieses Lebendige durcheinanderschmeißen und -schütteln können.

Also, Geisteswissenschaft° steckt wirklich in der gewöhnlichen Wissenschaft schon drinnen. Die gewöhnliche Wissenschaft will nur überall da aufhören, wo sie zu faul ist, an diese Dinge wirklich heranzukommen.

Dann am Mittwoch um 9 Uhr Fortsetzung.

Vierter Vortrag

Die Sinne trügen nicht –
die Wahrnehmungen richtig deuten

Dornach, 9. Juli 1924

Guten Morgen, meine Herren!

Vielleicht können wir fortsetzen und beenden, wenn wir so weit kommen, was wir das letzte Mal angefangen haben.

Ich habe Ihnen also auseinandergesetzt, wie man sich vorzustellen hat, dass die Erde sich nach und nach entwickelt hat und wie der Mensch geistig eigentlich immer da war.

Physisch, also dem Körper nach, kommt aber der Mensch erst dann heraus, wie wir gesehen haben, wenn die Erde eigentlich «tot» geworden ist, wenn die Erde selber ihr Leben verloren hat.

Sehen Sie, man hat erst vor verhältnismäßig kurzer Zeit die Erde so angesehen, dass man, wie ich Ihnen das letzte Mal gesagt habe, darin die Versteinerungen suchte, um das Alter der Schichten zu bestimmen. Man hat überhaupt solche Vorstellungen, wie sie jetzt in der äußeren Wissenschaft sind, sich verhältnismäßig spät gemacht. Und wir haben ja gesehen, inwiefern diese Vorstellungen eigentlich falsch sind, nicht eigentlich bestehen können gegenüber den wirklichen Tatsachen.

Nun müssen Sie sich aber das klarmachen: Man findet, wenn man in die Erde so hineinbohrt und hineingräbt, wie ich es Ihnen auseinandergesetzt habe, wenn man so etwas wie das Alpenmassiv durchsucht, die durcheinandergeworfenen Schichten, man findet dann, wie Versteinerungen in den Schichten sind, man findet dann durchaus in jeder einzelnen Schicht bestimmte Pflanzen, Tiere.

Und diejenigen Tiere, diejenigen Pflanzen, die wir heute zumeist haben, die heute die Erde erfüllen, die sind eigentlich erst spät aufgetreten. Die früheren Pflanzen- und Tierformen waren verschieden von den heutigen Pflanzen- und Tierformen.

Nun sehen Sie, dass die Erde nicht einfach ganz langsam entstanden ist, dass also nicht eine Schicht über der anderen sich aufgeschichtet hat, bis sie langsam entstanden ist, das kann man nicht bloß daran sehen, dass die Alpen so durcheinandergeworfen sind, sondern man kann es zum Beispiel an Folgendem sehen.

Es gab Tiere, die unseren Elefanten ähnlich waren, nur größer. Unser Elefant ist schon groß genug, aber das waren noch mächtigere Tiere, mit noch dickeren Häuten, also noch stärkere Dickhäuter. Diese Tiere, die lebten einmal.

Und dass sie gelebt haben, das kann man daran sehen,

dass sie im nördlichen Sibirien gefunden wurden, das ist also im nördlichen Asien, da wo Russland nach Asien hinübergeht. Aber alle diese merkwürdigen Tiere, diese Mammuttiere, die wurden als ganze Tiere mit dem frischen Fleisch gefunden.

Ja, sehen Sie, Tiere erhält man mit noch frischem Fleisch, wenn man sie zum Beispiel ins Eis gibt. Nun, diese Tiere waren in der Tat im Eis drinnen! Nämlich am Nördlichen Eismeer, wo Sibirien gegen den Nordpol hingeht, da waren diese Tiere und sind heute noch drinnen – frisch, wie wenn sie gestern von Riesenmenschen gefangen, ins Eis gegeben und aufgehoben worden wären.

Und da muss man sich doch sagen: Diese Tiere leben heute nicht, das sind uralte Tiere. Diese Tiere können auch unmöglich langsam vereist sein, sie sind heute noch da als ganze Tiere. Das kann nur dadurch geschehen sein, dass plötzlich, als diese Tiere dort gelebt haben, eine mächtige Wasserrevolution gekommen ist, die vereist ist gegen den Nordpol hin und diese Tiere auf einmal aufgenommen hat.

Nun, daraus sehen wir schon, dass es auf der Erde in früheren Zeiten ganz außerordentlich, außergewöhnlich zugegangen ist, so zugegangen ist, dass man es mit dem heutigen Zustand nicht vergleichen kann.

Und wenn man so etwas wie die Alpen sich anschaut, dann muss man sich auch vorstellen, dass das nicht Millionen von Jahren gedauert haben kann, sondern dass sich das verhältnismäßig rasch abgespielt haben muss. Also muss in der Erde alles gebrodelt haben, gelebt haben, geradeso wie es in einem Magen zugeht, nachdem man eben gegessen hat und dann anfängt zu verdauen.

Aber das kann nur im Lebendigen geschehen, die Erde muss einmal lebendig gewesen sein. Und die Kräfte sind zunächst noch zurückgeblieben, die in der Erde waren.

Da gab es große, plumpe Tiere. Unsere mehr schlanken, geschmeidigen Tiere haben sich eben gebildet, nachdem die Erde selber abgestorben war, kein Tier mehr da war. Diese großen Elefanten, die Mammuttiere, waren noch sozusagen wie Läuse auf dem alten Körper der Erde, sind nur mit einer einzigen Welle, die vereist ist, zugrunde gegangen.

Daraus können Sie entnehmen, wie sehr das stimmt, was ich in Bezug darauf gesagt habe, dass unsere jetzige Erde eine Art von Weltenleichnam ist. Und erst als die letzten Zustände auf dieser Erde eintraten, erst da konnte der Mensch entstehen.

Nun will ich Ihnen etwas anführen, woraus Sie sehen können, wie die Erde sich verändert hat, noch verhältnismäßig spät sich verändert hat.

Sehen Sie, wir haben da, wenn wir das so oberflächlich zeichnen, Amerika. Hier haben wir dann Europa, Norwegen, Schottland, England, Irland, da kommen wir herüber nach Frankreich, Spanien, da geht es herüber nach Italien,

Deutschland, da ist der Bottnische Meerbusen (s. Zeichnung).

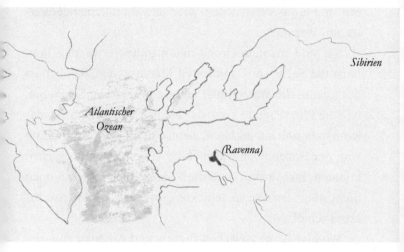

Wenn man heute, sagen wir zum Beispiel, von Liverpool nach Amerika fährt, so macht man diese Strecke. Man fährt durch den Atlantischen Ozean.

Nun will ich Ihnen etwas sagen. Da drüben – da unten ist dann Afrika –, da drüben sind gewisse Pflanzen und gewisse Tiere, überall. Da (Ostküste von Amerika) sind auch Pflanzen und Tiere. Man muss namentlich das kleine Viehzeug nehmen.

Wenn man sich heute diese Pflanzen und Tiere anschaut, die auf der einen Seite, an den Westküsten von Europa und da unten in Afrika vorkommen und auf der anderen Seite an der Ostküste von Amerika, dann stellt sich heraus, dass diese Pflanzen und Tiere etwas miteinander verwandt sind. Sie sind etwas verschieden, aber sie sind miteinander verwandt. Warum?

Sie sind aus dem Grund miteinander verwandt – heute ist die Sache so: Da unten ist Meeresboden, da oben ist das atlantische Wasser, hier käme dann Afrika. Sehen Sie, wie die Pflanzen und Tiere da sind und wie sie da sind, das kann man sich nur erklären, wenn einmal hier überall Land war, der Boden hoch war und die Tiere hier herübergehen konnten, hier überall, und die Pflanzen auch ihren Samen nicht über den Ozean schickten, sondern stückweise ins Land schickten.

Wo also heute zwischen Europa und Amerika eine riesige See ist, ein riesiges Meer ist, war einstmals Land. Der Boden ist gesunken. Überall, wo der Boden sinkt, kommt gleich Wasser. Wenn Sie irgendwo nur bis zu einer gewissen Tiefe graben, die Erde ausgraben, kommt gleich Wasser. Wir müssen also annehmen: Da ist der Boden gesunken.

Merkwürdig ist es zum Beispiel, wenn man von der Stadt Ravenna ans Meer hingeht – da ist Italien, da liegt Ravenna –, dann hat man heute mehr als eine Stunde zu gehen. Aber man trifft überall Seemuscheln und Seeschnecken auf dem Grund, wo man von Ravenna gegen das Meer hingeht.

Das bezeugt einem wiederum: Da war einstmals Meer. Und Ravenna, das heute eine Stunde vom Meer entfernt ist, lag einst ganz an der See, die See grenzte da an. Wiederum hat sich der Boden gehoben, in die Höhe gehoben, und das Wasser ist dadurch abgelaufen.

Wenn sich der Boden besonders stark hebt, dann verödet der Boden, dann wird es kalt, wie es in den Gebirgen geschieht. Eine solche Gegend, wo es kalt geworden ist, das ist – wenn ich hier weiterzeichnen würde, wäre da Sibirien – die Gegend von Sibirien. Sibirien zeigt durch alles das, was es an Pflanzenwachstum hat und so weiter, dass es einstmals den Boden tiefer hatte, dass der mächtig in die Höhe gestiegen ist.

Aus alldem sehen Sie, dass Land fortwährend steigt und sinkt an gewissen Punkten der Erde. Es steigt auf und sinkt ab – und man sieht, dass Land und Wasser auf der Erde zu verschiedenen Zeiten in der verschiedensten Weise verteilt ist.

Wenn man die Gesteine vom Britischen Reich, von England, Schottland und Irland ansieht, sich die Schichten selbst anschaut, dann kommt man darauf, dass diese Insel Großbritannien viermal auf- und abgesunken ist im Laufe der Zeit.

Als sie oben war, sind gewisse Pflanzen gewachsen, bis sie untergegangen ist. Als sie wieder hinaufgegangen ist, da war natürlich alles verödet und bedeckte sich mit einer ganz anderen Pflanzen- und Tierwelt. Und man kann heute noch sehen: Viermal ist das auf- und abgegangen.

Also der Boden der Erde ist in einer fortwährenden Bewegung. Und er war in einer viel größeren, riesenhaften Bewegung in alten Zeiten.

Wenn alles heute noch so bewegt wäre, wie es in alten Zeiten war, dann wäre es den Menschen recht unheimlich. Denn die letzten Nachrichten über die mächtigen Erdbewegungen, die allerletzten Nachrichten, sind ja eigentlich diejenigen, die nur sagenhaft auf die Menschheit gekommen sind als die «Sintflut».

Aber die Sintflut ist ja eine Kleinigkeit gegen dasjenige, wie es einmal auf der Erde in riesenmäßigen Ausdehnungen zugegangen ist.

Sehen Sie, meine Herren, es entsteht dadurch die Frage: Wie ist überhaupt der Mensch auf die Erde gekommen? Wie ist der Mensch aufgetreten?

Nun sind ja darüber die allerverschiedensten Ansichten entstanden. Die bequemste Ansicht, die sich die Leute gebildet haben, ist diese, dass es einmal affenähnliche Tiere gegeben hat. Die haben sich immer mehr «vervollkommnet» und sind Menschen geworden.

Das ist ja eine Ansicht, welche die Wissenschaft im 19. Jahrhundert vertreten hat. Die Wissenschaft vertritt sie heute nicht mehr, aber die Leute, die eben immer «Nachzügler» der Wissenschaft sind, die glauben das natürlich heute noch.

Nun, die Frage ist diese: Wie kann man sich vorstellen, dass der Mensch, so wie er heute als physischer Mensch ist, sich auf der Erde gebildet hat?

Ein großer Rummel, sozusagen eine riesige Begeisterung war, als am Ende des 19. Jahrhunderts ein reisender Gelehrter, Dubois, in Ostasien Teile von einem Skelett in solchen Erdschichten entdeckt hat, von denen man bisher geglaubt hat, der Mensch ist da nicht drinnen, kann da noch nicht gewesen sein.

Es waren das Teile von einem Skelett, das man für ein Menschenskelett angesehen hat, nämlich ein Oberschenkel, ein paar Zähne, Stücke vom Schädel.

Das hat nun der Dubois drüben in Asien gefunden und hat diese Überreste beziehungsweise° das Wesen, das menschenaffenähnliche Wesen, das einmal gelebt haben soll – solch eine Sache muss natürlich einen anständigen Namen haben –, «Pithecanthropos erectus» genannt.

Also dieses Wesen soll ein affenartiges Geschlecht darstellen. So war man der Ansicht: Das ist in bestimmte Lebensverhältnisse gekommen, wo es hat anfangen müssen zu arbeiten. So sind die Füße, die affenartigen Kletterfüße, zu richtigen Füßen umgebildet worden, die vorderen Kletterfüße zu menschlichen Händen. Und so habe sich das eben verwandelt.

Aber die anderen sagten wiederum: Nein, das kann nicht so sein, denn wenn dieser «Affenmensch» in diese so ungünstigen Verhältnisse gekommen wäre, dann wäre er einfach ausgestorben, dann hätte er sich nicht umwandeln können. Er muss vielmehr gelebt haben, dieser Affenmensch, da schon in einer Art paradiesischem Zustand, wo er sich hat erhalten und ganz frei entwickeln können, wo er geschützt war.

Sehen Sie, so weit gehen die Ansichten auseinander. Aber all das hält nicht stand, wenn man die wirkliche Untersuchung der Tatsachen aufgreift, von der wir ja schon gesprochen haben.

Gehen wir noch einmal zurück. Hier war einstmals eine große Landfläche (s. Zeichnung, S. 111), wo heute der Atlantische Ozean ist, durch den man fährt, wenn man von Europa nach Amerika fährt – große Landstrecken.

Aber sehen Sie, wenn man wiederum das untersucht, was da unter der Erde versteinert ist, was also die Versteinerungen sind und woraus man sehen kann, wie die früheren Formen, die früheren Arten der Pflanzen und Tiere da waren, dann findet man: Das kann alles nicht so gewesen sein.

Da muss die Erde, die da war zwischen dem heutigen Europa und Amerika, noch viel weicher gewesen sein, nicht so festes Gestein wie heute. Und die Luft muss noch viel dicker gewesen sein, immer nebelig, muss viel Wasser und andere Stoffe noch enthalten haben.

Sodass man also da einen viel weicheren Erdboden hatte und eine viel dickere Luft. In solch einer Gegend, wenn es das heute auf der Erde geben würde, könnten wir, wenn wir hinkämen, keine Woche leben, da würden wir gleich aussterben.

Aber nun müssten ja natürlich – weil das gar nicht so lange her sein kann, 10 000 bis 15 000 Jahre – damals schon Menschen gelebt haben. Aber die können auch nicht so gewesen sein wie die heutigen Menschen.

Der heutige Mensch hat seinen festen Knochenbau nur deshalb, weil heute draußen die harten Mineralien sind. Zu unseren kalkartigen Knochen gehören draußen die kalkartigen Berge. Mit denen tauschen wir ja fortwährend auch den Kalk aus, wir trinken ihn mit dem Wasser und so weiter.

Da gab es noch keine so festen Knochengerüste. Da konnten die Menschen, die damals lebten, nur solche weichen Knorpel haben wie heute die Haifische. Und durch Lungen konnte man auch nicht so atmen wie heute. Da musste man eine Art von Schwimmblase haben und eine Art von Kiemen.

Sodass also der Mensch, der da lebte, seiner äußerlichen Gestalt nach halb Mensch und halb Fisch war. Man kommt gar nicht hinüber über die äußerliche Sache, dass der Mensch ganz anders ausgesehen hat, halb Mensch und halb Fisch war.

Besonders wenn wir in Zeiten zurückgehen, die noch

früher zurückliegen, da haben wir den Menschen noch viel, viel weicher. Und wenn wir noch weiter zurückgehen, ist er wässerig, ist er ganz flüssig. Da drinnen bilden sich natürlich keine Versteinerungen, sondern da geht er eben in der übrigen Flüssigkeit der Erde auf.

Sodass man also sieht: So wie wir heute dastehen, sind wir erst geworden. Wir sind ja auch ein kleines Flüssigkeitsklümpchen, wenn wir zuerst noch im Mutterleib sind.

Nun, das ist also umgekehrt: Das ist klein, wir waren damals große, mächtige flüssige oder gallertartige Wesen. Und je weiter man in der Erdentwicklung zurückgeht, desto flüssiger wird der Mensch, desto mehr ist er eigentlich bloß weiche, gallertartige Masse.

Nicht aus heutigem Wasser – aus heutigem Wasser kann man natürlich keine Menschen machen –, aber aus so etwas wie einer eiweißartigen Substanz, aus der lässt sich schon der Mensch formen.

Da kommen wir in eine Zeit zurück, wo es weder die heutigen Menschengestalten gegeben hat, noch heutige Elefanten, noch Rhinozerosse, noch Löwen, noch Kühe, noch Ochsen, noch Stiere, keine Kängurus, alles das hat es noch nicht gegeben.

Dagegen hat es, könnte man sagen, fischähnliche Tiere gegeben, nicht so wie die heutigen Fische, schon menschenähnlich: halb menschenähnliche, halb fischähnliche Tiere, die man ebenso gut «Menschen» nennen könnte. Das hat es also gegeben. All die heutigen Gestalten von Tieren hat es noch nicht gegeben.

Dann hat sich die Erde allmählich in die Gestalt verwandelt, wie sie heute ist. Der Boden des Atlantischen Ozeans senkte sich hinunter. Immer mehr und mehr ging das sumpfige, schleimartige, eiweißhaltige Wasser in das heutige Wasser über, bildete sich allmählich immer mehr dasjenige um, was als solche Fischmenschen vorhanden war.

Aber es entstanden die verschiedensten Formen. Die mehr unvollkommenen dieser Fische wurden Kängurus, die ein bisschen vollkommeneren wurden Hirsche und Rinder, und diejenigen, die am vollkommensten waren, wurden Affen oder Menschen.

Aber Sie sehen daraus: Es stammt der Mensch gar nicht in dem Sinne vom Affen ab, sondern der Mensch war da, und alle Säugetiere entstanden eigentlich aus dem Menschen heraus – von denjenigen Menschenformen, in denen der Mensch unvollkommen geblieben ist.

Sodass man vielmehr sagen kann: Der Affe stammt vom Menschen ab – als dass man sagen kann: Der Mensch stammt vom Affen ab. Das ist nun schon so, und man muss sich über diese Dinge ganz klar sein.

Sehen Sie, das könnten Sie sich durch das Folgende veranschaulichen.

Denken Sie einmal, es ist ein recht gescheiter Mensch, der hat einen kleinen Sohn. Der kleine Sohn hat einen Wasserkopf und bleibt sehr dumm. Der gescheite Mensch ist vielleicht fünfundvierzig Jahre alt, der kleine Sohn sieben, acht Jahre alt, der entwickelt sich dumm.

Ja, darf da irgendein Mensch sagen: Weil der Kleine ein kleiner, «unvollkommener» Mensch ist, deshalb stammt der alte Mensch, der «vollkommene», gescheite Mensch, von dem kleinen, unvollkommenen ab?

Das wäre ja Unsinn! Der kleine Unvollkommene stammt von dem Gescheiten ab! Das wäre sonst eine Verwechslung. Dieselbe Verwechslung hat man begangen, indem man geglaubt hat: Affen, die zurückgebliebene Menschen sind, seien die Urvölker der Menschen.

Sie sind eben nur zurückgebliebene Menschen, sind sozusagen die unvollkommenen Menschenvölker. Man kann schon sagen: Die Wissenschaft war da auf einem Weg, der sie recht stark in den Irrtum hineinführte. Und einfache Menschen konnten sich das ja auch nicht so recht vorstellen.

Man braucht sich nur an die Geschichte zu erinnern, wie ein kleiner Rotzjunge nach Hause gekommen ist. Der Schullehrer hatte gerade, weil er von der modernen Wissenschaft angestochen war, in der Schule erklärt: Die Menschen stammen vom Affen ab. Da ist der Junge mit dieser Weisheit nach Hause gekommen. Da sagte der Vater: «Du dummer Junge, bei dir kann das der Fall gewesen sein, bei mir aber nicht!»

Sehen Sie, da war der «naive» Mensch gegen den Dar-

winismus. Die Wissenschaft ist eben manchmal nicht so gescheit wie der naive Mensch. Das muss man sich schon sagen.

Und so kann man sagen: Alles dasjenige, was an Tieren da draußen in der Welt lebt, das stammt von einem Urwesen ab, das weder Tier noch Mensch war, sondern dazwischenliegt. Die einen sind unvollkommen geblieben, die anderen sind vollkommener geworden, sind «Menschen» geworden.

Da kommen natürlich jetzt die Leute und sagen: «Ja, aber die Menschen waren doch früher viel unvollkommener, als sie heute sind. Die Menschen waren doch früher so, dass sie einen Schädel gehabt haben mit einer niederen Stirn sozusagen.» (S. Zeichnung, oben).

Die Neandertaler-Menschen oder die Menschen, die man in Jugoslawien gefunden hat, die findet man ja nur selten, man darf nicht glauben, dass da überall die Skelette so herumliegen, es wurden nur immer wenige gefunden. Der heutige Mensch hat in der Regel seine schöne Stirn und so weiter, sieht also anders aus (s. Zeichnung, rechts).

Nun sagen die Menschen: «Diese Urmenschen da, also die mit den niederen Stirnen, die waren natürlich dumm. Denn in der Stirn, da sitzt der Verstand, und erst die Menschen, welche die hohen Stirnen kriegten, die hatten den richtigen Verstand. Daher waren die Urmenschen dumm, verständnislos, und die späteren Menschen mit den hohen Stirnen, den vorgesetzten Stirnen, die hatten eben den rechten Verstand.»

Ja, sehen Sie, meine Herren, wenn man sich diese atlantischen Menschen da angeschaut hätte, diese Menschen, die da gelebt haben, bevor der Boden des Atlantischen Ozeans gesunken ist und das Meer entstand, da hätte man gefunden: Ja, diese Menschen, die hatten zum Beispiel eigentlich ein ganz dünnes Häutchen, einen weichen Knorpelansatz als Hülle des Kopfes, im Übrigen überall Wasser.

Wenn Sie sich heute einen richtigen Wasserkopf anschauen, der hat gar nicht eine zurückliegende Stirn, der hat gerade eine hohe, vorgelegte Stirn. Und der ist viel ähnlicher diesem Wasserkopf, den könnten die Atlantier gehabt haben.

Nun denken Sie sich, die Atlantier haben also diesen Kopf gehabt, aber wässerig, so wie wir es heute beim Embryo sehen.

Sehen Sie, das wäre die Erde, jetzt ist das über die Erde gekommen, dass der Boden des Atlantischen Ozeans sich gesenkt hat, dass der Atlantische Ozean entstanden ist, Europa und Asien immer mehr aufgetaucht sind, denn da hebt sich alles, in Amerika hebt es sich auch, hier senkt es sich. Die Erde verändert sich.

Die Menschen bekamen mehr harte Knochen, sodass, wenn wir in frühere Zeiten gehen, wo da noch Festland war, ganz weiche Knochen da drinnen waren, Knorpel, da schaute das so aus. Da war Wasser, und diese Menschen, die konnten auch mit dem Wasser denken.

Da werden Sie sagen: «Donnerwetter, jetzt setzt er uns auch noch das vor, dass die Leute damals nicht ein festes Hirn, sondern ein wässeriges Hirn gehabt hätten!»

Ja, meine Herren, Sie denken alle nicht mit dem festen Gehirn, Sie denken nämlich alle mit dem Gehirnwasser, in dem das Gehirn drinnen schwimmt. Es ist ein Aberglaube, dass man mit dem festen Gehirn denkt. Nicht einmal die Dickschädel, die ganz eigensinnig sind, die gar nichts als ihre eigenen Ideen auffassen können, die sie in ihrer frühen Jugend aufgenommen haben, nicht einmal die denken mit dem festen Gehirn, sie denken auch mit dem Gehirnwasser.

Da kam aber die Zeit, wo diese Art von Wasser, diese schleimige, eiweißartige Form von Wasser überhaupt verschwand. Die Menschen konnten nicht mehr damit denken. Die Knochen blieben zurück, und es entstanden diese niedrigen Schädel. Und erst später wuchsen sie in Europa und in Amerika drüben wieder zu einer hohen Stirn aus. Die alten Atlantier hatten in ihrem wässrigen Kopf gerade eine sehr hohe Stirn.

Und dann kamen, als das zurückging, zuerst die niedrigen Stirnen. Und die wuchsen sich nach und nach wiederum aus zu den hohen Stirnen.

Das ist eben eine Zwischenzeit, wo die Menschen so waren, wie der Neandertaler-Mensch oder wie die in Südfrankreich oder in Südsizilien gefundenen Reste ausgesehen haben. Das ist überall ein Übergangsmensch, der Mensch, der gelebt hat, als gerade da sich Küsten hoben, da sich der Boden nach und nach gesenkt hat.

Und diese Menschen graben wir heute aus in Südfrankreich, die also nicht die früheren Menschen sind, sondern der spätere Mensch! Es sind Vorfahren, aber schon spätere Menschen.

Und das Interessante ist: In derselben Zeit, in der diese Menschen mit der flachen, niedrigen Stirn gelebt haben müssen, in derselben Zeit findet man Höhlen, in denen Dinge drinnen sind, aus denen man annehmen kann: Die Menschen, die haben damals nicht in gebauten Häusern gelebt, sondern in Erdhöhlen gelebt, in die sie sich hineingegraben haben. Aber da musste erst die Erde hart geworden sein.

Also in der Zeit, in der die Erde noch nicht ganz so hart war wie heute, sondern wenigstens noch etwas weniger hart war, da bohrten sich die Leute ihre Wohnungen in die Erde hinein, und die findet man auch heute noch.

Aber das Merkwürdige, was man da findet, das sind merkwürdige Malereien, merkwürdige Zeichnungen, die verhältnismäßig einfach sind, die aber doch ganz geschickt Tiere wiedergeben, die damals gelebt haben.

Und man ist eigentlich erstaunt, dass diese Menschen mit der flachen Stirn, mit dem unentwickelten Kopf, diese Zeichnungen gemacht haben. Diese Zeichnungen sind geschickt und in einer anderen Beziehung zugleich ungeschickt. Wie kann man sich das erklären?

Nur dadurch, dass eben einmal die Menschen mit der hohen, noch flüssigen Stirn gelebt haben und dass diese eine besondere Kunst schon gehabt haben, vielleicht sogar viel mehr gekonnt haben als wir heute. Und das ist dann verkümmert.

Und das, was man da in den Höhlen findet, das sind eben die alten Reste von dem, was die Menschen noch gekonnt haben, was sich noch fortgebildet hat.

Sodass man darauf kommt: Es haben die Menschen einmal nicht bloß als Tiere gelebt und sich bis zum heutigen Zustand vervollkommnet, sondern bevor das heutige Menschengeschlecht mit seinen festen Knochen auf der Erde da war, war ein anderes Menschengeschlecht mehr mit Knorpeln da, das schon einmal eine hohe Kultur und Zivilisation hatte.

Und ich habe Ihnen gesagt, dass auch die Vögel in alten Zeiten anders waren, als sie heute sind. Die Vögel waren so, dass sie einmal ganz aus Luft bestanden haben, das andere haben sie sich erst herumgebildet. Daher sind die Knochen der Vögel alle innerlich mit Luft ausgefüllt.

Diese Vögel, die waren einstmals Tiere, die nur aus Luft bestanden haben, aber aus einer dicken Luft. Und die heutigen Vögel, die haben ihre Federn und so weiter gebildet, als unsere heutige Luft entstanden ist.

Denken Sie einmal: Die heutigen Vögel, die hätten Schulen, die hätten eine Kultur – sie haben sie ja in Wirklichkeit nicht, aber wir können sagen, wir können uns das ja vorstellen, das müsste aber anders ausschauen, als das bei uns jetzt ausschaut. Nehmen wir zum Beispiel an, wir bauen uns Häuser, darin besteht ja ein Teil unserer Kultur. Die können sich keine Häuser bauen, denn die würden ja herunterfallen. Auch können die Vögel keine Bildhauer werden, denn alles würde herunterfallen. Nicht einmal nähen können sie, das gehört auch zur Kultur, denn wenn sie die Nadel nur ein bissel fallen lassen, so würde sie auch herunterfallen.

Wenn diese Vögel eine Zivilisation, eine Kultur hätten, wie müsste die denn sein?

Die müsste so sein, dass sie oben in der Luft sein kann. Aber das kann ja nichts Festes hervorbringen, sie könnten da keinen Schreibtisch haben, gar nichts. Sie könnten sich höchstens Zeichen machen, die gleich wiederum vorbei sind, wenn sie gemacht sind. Wenn der andere dann die Zeichen verstehen würde, nun ja, dann wäre eine Kultur da.

Denken Sie sich also, ein Adler wäre ein sehr gescheites Tier, ein Adler könnte eine Statue der Eule machen. Nun ja, er müsste sie aber bloß in der Luft machen, es würde nichts mehr da sein, wenn man es sich anschaute.

Nun, es kommt die Eule, die ist besonders eitel, lässt sich vom Adler eine Eulenstatue machen. Der würde das sehr schön machen, alles sehr schön, gerade wenn eine kleine Wolke da ist vielleicht, sodass er etwas dickere Luft hat, er würde es machen. Aber es würde gleich wiederum verschwinden, andere Vögel könnten zufliegen, andere Eulen auch, die könnten das nicht bewundern.

Ja, die Vögel haben das heute nicht, Sie können ganz sicher sein: Die Adler bildhauern keine Eulen. Aber diejenigen Wesenheiten, die einstmals Menschen in ihren weichen Gestalten, ihrem weichen Körper waren, die hatten eine solche Kultur und Zivilisation.

Da, nicht wahr, als zum Beispiel Land da war, wo heute der Atlantische Ozean ist, da konnten die Dinge schon mehr oder weniger fest bleiben, stehen bleiben und so weiter, wenn sie auch immer wieder versanken – aber es war schon dichter. Aber dem ging ein noch dünnerer Zustand voran, da gab es nur eine solche Kultur und Zivilisation, die man in Zeichen machte, die gleich wieder vergingen.

Sodass man sich vorstellen muss, dass diese Menschen einmal alles machten und dass die Sachen eben nicht dageblieben sind, sondern dass sie ganz fein in der Materie drinnen waren.

Und als sie später anfingen, die Sachen grober zu machen, da wurde es ungeschickt. Es ist ja auch heute leichter, in weichem Wachs irgendetwas auszubilden als in härterem Ton.

Und gar als die Menschen nur in einer Art dicker Luft ihre ganze Kultur und Zivilisation hatten, da hatten sie ihre Freude daran, etwas zu machen, wenn das auch gleich wiederum unterging.

Ja, aber jetzt, meine Herren, sind wir schon sehr weit zurückgekommen, haben Menschen gefunden, die eigentlich ziemlich luftartig sind, nur aus dickerer Luft sind.

Wenn Sie sich das so vorstellen: Da ist so ein Mensch aus dickerer Luft, nimmt sich aus wie eine Wolke, nur nicht so unregelmäßig geformt wie eine Wolke, sondern er hat stark etwas Gesichtartiges, Kopfartiges und etwas Gliedmaßenartiges.

Aber das ist ja schon etwas nur Geistiges, das ist ja schon fast ein Gespenst, meine Herren.

Wenn Ihnen heute so etwas begegnete, meine Herren, nun ja, da würden Sie es für ein Gespenst ansehen, noch dazu für ein ganz kurioses Gespenst. Es würde ganz fischähnlich und doch wieder menschenähnlich aussehen. So waren wir aber einmal.

Da sind wir schon bei dem Zustand angekommen, wo

der Mensch eigentlich ganz geistig war.

Und Sie sehen: Je weiter wir zurückgehen, desto mehr finden wir, dass der Mensch als geistiges Wesen den weichen Stoff beherrscht. Wir können ja nur mit den weichsten Dingen unseres Stoffes noch irgendetwas anfangen.

Ja, wenn wir ein Stück Brot in den Mund nehmen, können wir es beißen, flüssig machen, denn alle Nahrung muss flüssig gemacht werden, wenn sie in den Menschenleib hineingehen soll. Denken Sie sich nur einmal, Sie machen Brot flüssig, es geht in die Speiseröhre, geht in den Magen, breitet sich im Blut aus. Was wird denn eigentlich aus einem Stück Brot? Das ist eine ganz merkwürdige Sache.

Nehmen Sie an, Sie haben da den Menschen vor sich, die menschliche Gestalt. Das ist der Magen, die Speiseröhre, da geht es zum Mund herauf (s. Zeichnung). Jetzt isst dieser Mensch ein Stück Brot. Da isst er es hinein, da wird es allmählich flüssig gemacht, das hier macht es noch flüssiger. Jetzt breitet es sich im Blut aus, geht überall hin, wird dünn, ganz dünn, breitet sich da aus.

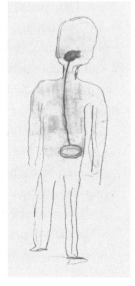

Ja, meine Herren: Da habe ich ein Stück Brot in der Hand, ich esse es. Wie schaut denn das nach einiger Zeit aus? Nach drei Stunden, wenn es sich im Blut ausgebreitet hat, im ganzen Körper, schaut es so aus: Dieses Stück Brot ist selber ein Mensch geworden (s. Zeichnung).

Und so alles, was Sie mit den Speisen einessen: Sie gestalten es zum Menschen um, Sie merken es nur nicht. Sie merken nicht, dass eigentlich alles, was Sie in sich aufnehmen, fortwährend den Menschen macht.

Sie könnten auch gar nicht ein Mensch sein, wenn Sie nicht fortwährend den Menschen neu machen würden. Denn wenn Sie heute am 9. Juli essen, wird das noch ein ganz dünner, winzig dünner Mensch, davon bleibt nur etwas zurück, das andere geht weg. Nächster Tag, wiederum so, aber dabei wird Ihr Körper ausgetauscht. Er wird ja alle sieben Jahre ausgetauscht.

Nun, meine Herren, wir brauchen aber diesen in sich schon festen Körper, damit wir immer diesen neuen Menschen machen können. Aber diesen festen Körper hatten die früheren Menschen nicht. Die konnten aus ihrer Seele heraus das machen: was sie aufnahmen, so gestalten, dass es in der damaligen Art menschenähnlich wurde.

Sie müssen sich vorstellen, dass sie das alles nicht brauchten, was Muskeln und Knochen sind, und dass sie auf seelische Art die Speisen so gestalten konnten, dass sie menschenähnlich waren.

So war es aber sicher. Der Mensch beherrschte durch seinen Geist die Materie, den Stoff, bildete seine eigene Gestalt aus, allerdings viel dünner. Aber so war er da: so eine menschenähnliche, schwebende «Wolke».

Die ist ja heute noch da, nur brauchen wir heute ein Modell dazu, es müssen schon Knochen und Muskeln da sein. Und in Wirklichkeit machen wir es heute noch so, indem wir uns ernähren. So dünn, wie das heute ist, was sich in uns findet, wenn wir essen, so dünn war der Mensch einmal.

Und so atmet der Mensch die Luft: Jetzt ist sie draußen, gleich nachher ist sie drinnen. Wiederum breitet sich die Luft durch das Blut überall aus, es entsteht heute noch der luftige Mensch durch den ganzen Menschen hindurch. Sehen Sie, der luftige Mensch entsteht!

Wenn ich Ihnen also sage: Einmal war der Mensch luftartig, bevor er sich durch seine Knochen verdichtet, kristallisiert hat, so sage ich Ihnen da gar nicht etwas, was es nicht heute noch gibt.

Jedes Mal, wenn Sie einen Atemzug machen, machen Sie noch diesen Luftmenschen (s. Zeichnung, rechts). Nur hatte in früheren Zeiten bloß der

Luftmensch bestanden, und die festen, dichten, erdigen Bestandteile, die haben sich erst hineingebildet.

Wir kommen also darauf zurück, dass dasjenige, was wir heute in fester, dichter Materie sehen, einmal durch und durch geistig war.

Es ist also ein Unsinn, zu sagen, dass einmal die Erde nur Gas war und dass sich das Gas durch seine eigenen Kräfte zu all dem gebildet hat, was heute Menschen sind, was heute Tiere sind, sondern wir sehen, dass die Menschen, die Tiere, alles das, was jetzt da ist, eben selber einstmals gasförmig, luftförmig war und sich umgebildet hat.

Und so treffen wir eine Gestaltung unserer Erde, die einmal so gewesen sein muss.

Sehen Sie, da war dieses Eiland, wo heute Wasser ist, wo wir drüberfahren, da war Land. Da war der Boden von Europa noch tief unten, der hat sich erst später heraufgehoben, an einzelnen Stellen war er oben.

Jetzt kommen wir nach Europa. Da haben wir einen Erdboden, der noch tief unten ist, der oben noch mit Sumpfwasser bedeckt ist. Wir kommen nach Asien herüber, wo alles noch mit Sumpfpflanzen bedeckt ist, es sind Sumpfländer gewesen. Da drüben in Amerika, da war auch noch Sumpf. Diejenigen Gegenden, die heute feste Erde sind, die waren noch Meer.

Was heute Meer ist, war Land. Darauf lebten die Menschen, die ganz anders ausschauten, also dünn waren. Erst als sich die anderen Länder aus dem Wasser heraushoben und die früheren Länder sich senkten, sodass sie Meer wurden, erst da entstand das heutige Menschengeschlecht, entstanden die heutigen Tiere in der Form, wie sie sind. Das hängt mit dem inneren Leben der Erde zusammen.

Nur geht das heute alles subtiler vor sich. Heute heben und senken sich die Länder nicht mehr so stark, aber ein bisschen immer noch.

Und wer heute Karten ansieht – sogar in der Schweiz ist es so –, die nur Jahrhunderte alt sind, der sieht, dass es auf solchen Karten noch vorkommt: Da ist ein See, heute liegt irgendein Ort weit weg vom See, aber man erkennt: Dieser Ort, der muss, geradeso wie Ravenna einstmals am Meer gelegen hat, an diesem See gelegen haben.

Ja, Seen trocknen aus, werden kleiner, heute noch. Nur geht es langsamer vor sich, als es einmal vor sich gegangen ist.

Aber damit, dass sich die Fläche, die Landflächen und die Seeböden heben und senken, damit verändert sich auch fortwährend die Menschheit und verändern sich alle Tiere. Die sind in einer fortwährenden Umbildung. Nur geht es eben langsamer vor sich, als es einmal vor sich gegangen ist.

Das ist es, was ich Ihnen sagen wollte. Sie sehen, wie das heutige Menschengeschlecht entstanden ist.

Wir werden das nächste Mal einiges Geschichtliche hinzufügen, denn als das Menschengeschlecht einmal in der heutigen Form da war, da entstand ja erst die Geschichte.

Da entstanden erst die Menschen, die dazu gedrängt wurden, dass sie Jäger, Ackerbauer, Hirten und so weiter wurden. Das ist dasjenige, was wir dann noch als ein Stückel Geschichte an das anstückeln werden, was wir jetzt über Welt- und Menschenentstehung sagen konnten.

Es war sehr fruchtbar, dass uns der Herr Dollinger die Frage gestellt hat. Wir haben sehr ausführlich darüber sprechen können, und wir werden, wie gesagt, das nächste Mal noch ein Stückel Geschichte dazunehmen.

Fachausdrücke der Geisteswissenschaft

Mensch- und Erdentwicklung

7 planetarische Zustände der Erde	1. Saturn-, 2. Sonnen-, 3. Mond-Erde, 4. Erde (jetziger Planet), 5. Jupiter-, 6. Venus-, 7. Vulkan-Erde
7 geologische Epochen der jetzigen Erde	1. Polarische, 2. hyperboräische, 3. lemurische Erdepoche 4. atlantische Erdepoche, 5. nachatlantische (die jetzige), 6., 7. Erdepoche
7 Kulturperioden der «nachatlantischen» Zeit (je 2160 Jahre)	1. Indische, 2. persische, 3. ägypt.-chaldäische Kulturper. 4. griech.-römische Kulturperiode (747 v.–1413 n.Chr.); 5. unsere Kulturper. (1413–3573 n.Chr.), 6., 7. Kulturper.

Das Wesen des Menschen

3 Körper-Hüllen	1. Physischer Körper 2. Ätherischer Körper, Ätherleib, Bildekräfteleib 3. Astralischer Körper, Astralleib, Empfindungsleib
3 Seelen-Kräfte	1. Empfindungsseele 2. Gemüts- oder Verstandesseele 3. Bewusstseinsseele
3 Geistes-Glieder	1. Geistselbst (höheres Ich) 2. Lebensgeist 3. Geistesmensch
Aus 9 wird 7	1. Physischer Leib, 2. Ätherleib, 3. Astralleib, 4. Ich, 5. Geistselbst, 6. Lebensgeist, 7. Geistesmensch

Dreiheit in Mensch und Welt

Geistige Wesen:	Luzifer	Christus	Ahriman
Evangelium:	Diabolos	Streben nach Gleich- gewicht	Satanas
Geistig:	Spiritualismus		Materialismus
Seelisch:	Schwärmerei		Pedanterie
Physisch:	Entzündung		Sklerose
Moralisch:	hemmend	fördernd	hemmend

Naturelemente

Ätherwelt:	Wärmeäther	Lichtäther	Ton-/Zahlenäther	Lebensäther
Phys. Welt:	Wärme	Luft	Wasser	Erde
Unternatur:	Schwerkraft	Elektrizität	Magnetismus	Atomkraft
Naturgeister:	Salamander	Sylphen	Undinen	Gnome

Stufen der Einweihung

1. Imagination	Bilder sehen – in der Akasha-Chronik (Ätherwelt)
2. Inspiration	Worte hören – in der Seelenwelt (Astralwelt)
3. Intuition	Wesen erkennen – in der geistigen Welt (Devachan)

Die Vorträge Rudolf Steiners

Rudolf Steiner hat einige Tausend Vorträge, viele von ihnen öffentlich, vor den unterschiedlichsten Menschengruppen gehalten. Sie waren nicht für den Druck bestimmt, aber viele Menschen wollten seine Vorträge auch lesen. Dazu schreibt er in *Mein Lebensgang*: *«Es wird eben nur hingenommen werden müssen, daß in den von mir nicht nachgesehenen Vorlagen sich Fehlerhaftes findet.»* (Kap. XXXV)

In einer Zeit ohne Tonbandgeräte war der Weg vom gesprochenen Wort zum gedruckten Buchstaben nicht einfach. Es wurde mit unterschiedlicher Geschicklichkeit stenografiert, dann das Stenogramm in Klartext übertragen und redigiert. So heißt es zum Beispiel in GA 137: *«Diese Ausgabe basierte auf der stenographischen Mitschrift von Franz Seiler, Berlin, welche im Auftrag Marie Steiner-von Sivers für den Druck korrigiert bzw. bearbeitet worden ist von Adolf Arenson.»* (HDD2004, S.233) Eine solche Bearbeitung enthält zuweilen auch Erläuterungen oder Ergänzungen, die nicht von Steiner stammen.

Heute, ein Jahrhundert später, ist Rudolf Steiner zur historischen Figur geworden. Für die heutigen Menschen ist nicht mehr wichtig oder maßgebend, was Steiner während seines Lebens in Bezug auf seine Vorträge verfügt hat oder auch hinnehmen musste. Heute geht es darum, die «Quellenlage» zu erforschen und den interessierten Menschen die vorhandenen Unterlagen zugänglich zu machen. Es ist keineswegs zufällig, sondern es gehört zum vielleicht wichtigsten Karma der Menschheit, welche Nachschriften der Vorträge Rudolf Steiners erhalten geblieben sind. Menschen sind heute daran interessiert, möglichst genau zu erfahren, was Rudolf Steiner gesagt hat. Sie möchten vor allem wissen, welche Unterlagen dem von Rudolf Steiner gesprochenen Wort näherstehen. Um dem von ihm Gesprochenen am nächsten zu kommen, sind eine gewissenhafte Prüfung der vorhandenen Unterlagen und eine Vertrautheit mit seiner Denk- und Sprechweise erforderlich.

Der Archiati Verlag ist bestrebt, einerseits so nah wie möglich an das von Rudolf Steiner Gesprochene zu kommen und andererseits seine Geisteswissenschaft allen Menschen zugänglich zu machen, da es in ihrer Natur liegt, zum unmittelbaren Leben zu werden. Fürs Erste ist der Verlag dankbar, dass ihm die Original-Klartextübertragungen zur Verfügung stehen, fürs Zweite sind unter anderem die Wahl der Texte und die Art der Redaktion wichtig, aber auch die Gestaltung und nicht zuletzt der Preis.

Wie man wissenschaftliche Genauigkeit mit allgemeiner Zugänglichkeit verbinden kann, zeigt sich am Beispiel von Wörtern, die heute ungebräuchlich sind oder eine andere Bedeutung angenommen haben. Sie werden durch ein allgemein verständliches Wort ersetzt und mit einem ° kenntlich gemacht (z.B. beziehungsweise° für respektive, Klammer° für Parenthese, Westen° für Okzident). Am Ende des Buches findet der Leser in einer alphabetischen Liste das ersetzte Wort.

Für eine leichtere Lesbarkeit sind folgende **Wortersetzungen** vorgenommen worden (im Text durch ° gekennzeichnet):

beziehungsweise°	*ersetzt*	respektive
denkt°... nach		reflektiert
feststellen°		konstatieren
Geisteswissenschaft°		Anthroposophie
geisteswissenschaftlich°		anthroposophisch

Rudolf Steiner (1861-1925) hat die moderne Naturwissenschaft durch eine umfassende Wissenschaft des Übersinnlich-Geistigen ergänzt. Seine Geisteswissenschaft oder «Anthroposophie» ist in der heutigen Kultur eine einzigartige Herausforderung zur Überwindung des Materialismus, dieser leidvollen Sackgasse der Menschheitsentwicklung.

Steiners Geisteswissenschaft ist keine bloße Theorie. Ihre Fruchtbarkeit zeigt sie vor allem in der Erneuerung der verschiedenen Bereiche des Lebens: der Erziehung, der Medizin, der Kunst, der Religion, der Landwirtschaft, bis hin zu einer gesunden Dreigliederung des ganzen sozialen Organismus, in der Kultur, Rechtsleben und Wirtschaft genügend unabhängig voneinander gestaltet werden und sich gerade dadurch gegenseitig fördern können.

Von der etablierten Kultur ist Rudolf Steiner bis heute im Wesentlichen unberücksichtigt geblieben. Dies vielleicht deshalb, weil seine Geisteswissenschaft jeden Menschen, der sie ernst nimmt, früher oder später vor die Wahl zwischen Macht und Menschlichkeit, zwischen Geld und Geist stellt. Gerade in dieser Wahl liegt aber jene innere Erfahrung der Freiheit, die jeder Mensch sucht und die der Grundaussage des Christentums zufolge seit zweitausend Jahren allen Menschen möglich ist.

Es liegt in der Natur dieser Geisteswissenschaft, dass sie weder ein Massenphänomen noch eine elitäre Erscheinung sein kann: Einerseits kann sie nur der einzelne Mensch in seiner Freiheit ergreifen, andererseits kann dieser Einzelne in allen Schichten der Gesellschaft und in allen Völkern und Religionen der Menschheit seine Wurzeln haben.